牛顿科学馆

Newton
Science Museum

数学都知道 4

SHUXUE DOUZHIDAO 4

蒋　迅　王淑红　洪吉昌◎　著

U0334835

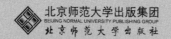

北京师范大学出版集团
BEIJING NORMAL UNIVERSITY PUBLISHING GROUP
北京师范大学出版社

图书在版编目(CIP)数据

数学都知道. 4 / 蒋迅,王淑红,洪吉昌著.
--北京:北京师范大学出版社,2024. --(牛顿科学馆).
-- ISBN 978-7-303-30090-7

Ⅰ. O1-49

中国国家版本馆 CIP 数据核字第 20246QX631 号

营 销 中 心 电 话　　010-58805072　58807651
北师大出版社学术著作与大众读物分社　　http://xueda. bnup. com

SHUXUE DOUZHIDAO 4
出版发行:北京师范大学出版社 www. bnup. com
　　　　　北京市海淀区新街口外大街 19 号
　　　　　邮政编码:100875
印　　刷:北京盛通印刷股份有限公司
经　　销:全国新华书店
开　　本:890 mm×1240 mm　1/32
印　　张:9.5
字　　数:220 千字
版　　次:2024 年 12 月第 1 版
印　　次:2024 年 12 月第 1 次印刷
定　　价:50.00 元

策划编辑:岳昌庆　　　　　　责任编辑:岳昌庆
美术编辑:李向昕　　　　　　装帧设计:李向昕
责任校对:陈　民　　　　　　责任印制:马　鼗

数学都知道

王梓坤题

2016.6

中国科学院院士、曾任北京师范大学校长(1984～1989)的王梓坤教授为本书题字。

序　言

我们与蒋迅相识于改革开放之初。那时他是高中毕业直接考入北京师范大学的 1978 级学生，我们是荒废了 12 年学业，在 1978 年年初入校的"文化大革命"后首批研究生。王昆扬为 1977 级、1978 级本科生的"泛函分析"课程辅导教师。

蒋迅无疑是传统意义上的好学生，勤奋上进，刻苦认真。他的父、母都是数学工作者，前者潜心教书，一丝不苟；后者热情开朗，乐于助人，在同事中口碑甚好。在一个人的成长过程中，家庭的潜移默化即便不是决定性的，也是至关重要的一个因素。蒋迅选择学习数学，或许有这一因素。

本科毕业后，蒋迅报考了研究生，师从我国著名的函数逼近论专家孙永生教授。恰逢王昆扬在孙先生的指导下攻读博士学位，于是便有了共同的讨论班及外出参加学术会议的机会，切磋学问。在这以后，与当年诸多研究生一样，蒋迅选择了出国深造，得到孙先生的支持。他在马里兰大学数学系获得博士学位，留在美国工作。

由于计算机的蓬勃兴起，那个年代留在美国的中国学生大多数选择了计算机行业，数学博士概莫能外。由于良好的数学功底，他们具有明显的优势。蒋迅现在美国的一个研究机构从事科学计算，至今已有十五六年。

尽管已经改行，但蒋迅热爱数学的初衷终是未能改变。本套书第 2 册第十章"俄国天才数学家切比雪夫和切比雪夫多项式"介绍了函数逼近论的奠基人及其最著名的一项成果，可以看作蒋迅对纯数学的眷恋与敬意。孙永生先生的在天之灵如有感知，一定会高兴的。

蒋迅笔耕不辍，对祖国的数学普及工作倾注了极大的心血。几年前，张英伯邀请他为数学教育写点东西，于是他在科学网上开辟了一个数学博客"天空中的一个模式"，本书的标题"数学都知道"便取自他的博客中广受欢迎的一个栏目。书中集结了他多年来发表在自己的博客和《数学文化》《科学》等杂志上的文章以及一些新写的文章。

本套书的第二作者是我国数学史领域的一位后起之秀王淑红。她将到不惑之年，已经发表论文 30 余篇，主持过国家自然科学基金和省级基金项目，堪称前途无量。据她讲，她受到蒋迅很大的影响，在后者的指导下，参与撰写了本套书的部分章节和段落，与蒋迅共同完成了本套书的写作。

本套书的内容涉猎广泛，部分文章用深入浅出的语言介绍了高等和初等的数学概念，比如牛顿分形、爱因斯坦广义相对论、优化管理与线性规划、对数、π 与 $\sqrt{2}$ 等。部分文章侧重数学与生活、艺术的关系，充满了趣味性，比如雪花、钟表、切蛋糕、音乐与绘画等。特别应该指出的是，由于长期生活在美国，蒋迅得以准确地向读者介绍那里发生的事情，比如奥巴马总统与 6 位为美国赢得奥数金牌的中学生一起测量白宫椭圆形总统办公室的焦距、美国的奥数与数学竞赛、美国的数学推广月等。在本套书第 3 册的最后，他介绍了华裔菲尔兹奖得主陶哲轩的博客以及一位值得敬重的旅美数学家杨同海。

全书文笔平实、优美，参考文献翔实，是一套优秀的数学科普著作。

北京师范大学数学科学学院
张英伯、王昆扬
2016 年 6 月

《数学都知道 4》前言

2016 年底，在北京师范大学出版社的大力支持下，我们出版了系列书籍《数学都知道 1》《数学都知道 2》《数学都知道 3》，有幸得到了业内一些朋友的鼓励。此后，经常有朋友问起，何时再出续集？其实这也是我们的一个心愿，但因事务繁多，时隔 7 年，我们计划推出第 4 册。

几年间，国内的数学发展呈现出越来越好的态势，国内的数学文化普及亦有了新的内容和形式，越来越多的优秀作品在不断涌现。鉴于前 3 册的内容和形式得到了读者朋友的肯定，这一册依然保留了前 3 册的风格，采用图文并茂的形式来带领大家欣赏数学风景，以期不辜负大家的期待。

第 4 册以中学数学为基础，侧重于趣味数学。我们在本套书第 3 册中介绍过折纸中的数学，现在折纸已经广受喜爱，我们把它溯源到古希腊的二刻尺方法。二刻尺方法属于尺规作图的范畴。我们知道数学史上有三个著名的尺规作图不可解的问题。但近似作图则是一个没有引起足够重视的方向。在这个方向上拉马努金和陶哲轩都有专门的尝试。不要被"沃罗诺伊图"的名字吓到。其实它的生成仅仅是尺规作图。在几何方面，我们还介绍了艾尔思矩形、"哈佛定理"和康威圆定理，我们特别推荐《几何小吃》的简约美"。"几何的颜色"介绍了美国漫画家克罗克特·约翰逊从纯漫画转变到数学绘画精彩片段。而在代数方面，我们则介绍了轮换不等式(循环不等式)。立交桥布局是纯粹的趣味数学,读者可以发现更多的曲线。喜欢文学的读者则可以仿照斐波那契体诗和维恩体诗创作新作品。数学归纳法是我们在中学常用的方法,但它在计算机理论中也常常被用到。"奇先生妙小姐"是一组数学卡通。我们特意为读者预留了创作的空间。黄金分割率是一个在数学科普中出现频率较高的话题。我们介绍了它在贵金属分割率上的推广和在建筑学方面的应用。美国数学家康威是趣味数学的集大成者。我们在本书中多次提到他。最后一章介绍了他的万年历算法,并总结了他的成功秘诀。

在本书将要出版之际,我们特别感谢北京师范大学出版社的支持!特别感谢《数学文化》《数学通报》等杂志对我们的支持和厚爱!我们的部分文章曾在这些杂志发表。《数学文化》和《数学通报》等杂志还刊登过《数学都知道》前 3 册的序言或书评。我们也想借这个机会感谢那些大力帮助过我们的朋友们。杨小权教授和张进先生特意为本书写了诗,我们已经把他们的诗收入到第 4 册里。感谢"和乐数学""遇见数学""好玩的数学""哆嗒数学网"等微信公众号介绍我们的这套书。感谢科学网博客大力推广。感谢马瑞、王薇、雷勇等老师为本书写了书评。感谢天津市南开区实验学校的刘瑞祥老师与我们广泛深入的交流。他为我们提供了许多宝贵的意见。感谢许多前辈老师的热情鼓励。希望我们的这本小书能够继续为数学文化普及尽一份绵薄之力。不足之处恳请大家批评指正!最后感谢家人对我们一如既往的支持!

蒋迅、王淑红、洪吉昌

2024 年 2 月

《数学都知道 1～3》前言

中国航天之父钱学森先生曾问："为什么我们的学校总是培养不出杰出的人才?"仅此一问，激起了我们若干的反思与醒悟。综观发达国家的教育，无不重视文化的构建和熏陶以及个人兴趣的培养，并且卓有成效，因此，良好科学文化氛围的培育是人才产出和生长的土壤，唤醒、激励和鼓舞人们对科学的热爱是人才培养中不可或缺的一环。数学王子高斯曾言："数学是科学的女王。"因此，数学文化在科学文化的构建和培育中不仅占有一席之地，而且是重中之重。

数学作为一种文化，包括数学的思想、精神、方法、观点、语言及其形成和发展，也包括数学家、数学美、数学史、数学教育、数学发展中的人文成分、数学与社会的联系以及数学与各种文化的关系等。自古以来，数学与文化就相互依存、相互交融、共同演化、协调发展。但在过去的 600 多年里，数学逐渐从人文艺术的核心领域游离出来，特别是在 20 世纪初，数学就像一个在文化丛林中迷失的孤儿，一度存有严重的孤立主义倾向。在我们的数学教学中，数学也变成一些定义、公式、定理、证明的堆砌，失去了数学原本的人文内涵、意趣和华彩。

幸运的是，很多有真知灼见的大数学家们对此已有强烈的意识和责任感，正在通过出版书籍，发表文章，开设数学文化课程，创办数学文化类杂志、网站等一系列举措来努力唤醒数学的文化属性，使其发挥应有的知识底蕴价值和人文艺术魅力。中国科学院院士李大潜教授在第十届"苏步青数学教育奖"颁奖仪式上特别指出："数学不能只讲定义、公式和定理，数学教育还要注重人文内涵。数学教育要做好最根本的三件事：数学知识的来龙去脉、数学的精神实质和思想方法、数学的人文内涵。"

我们对此亦有强烈共鸣，数学与人文本是珠联璧合、相得益彰的，数学教育者理所应当要注重在数学教学中播撒人文旨趣，丰盈学生的人文精神世界。本系列书选取一些典型且富有特色的与生活实际和现实应用有关的数学问题，并紧紧围绕数学这一主题，自然延伸到与之交叉、渗透的若干领域和方面，试图通过新颖雅致的内容、简练清晰的文字、弥足珍贵的图片、趣味十足而又颇具启发性的问题等，竭力呈献给读者一幅幅数学与生活、数学与科技、数学与艺术、数学与教育等共通互融的立体水墨，以期对弥合数学与文化之间的疏离贡献一点光和热。

生活中处处有数学。当你在寒冷的冬季看到纷纷扬扬的雪花，吟哦诗人徐志摩的动人雪花诗篇时，是否想过雪花的形状有多少种？它们是在什么条件下形成的？它们能否在计算机上被模拟？能否用数学工具来彻底解决雪花形成的奥秘？

当你倾听美妙的音乐或弹奏乐器时，是否想过数学与音乐的关系？数学家与音乐的关系？乐器与数学的关系？相对论的发明人爱因斯坦说过："这个世界可以由音乐的音符组成，也可由数学的公式组成。"实际上，数学与音乐是两个不可分割的魂灵，很多数学家具有超乎寻常的音乐修为，很多数学的形成和发展都与音乐密不可分。

当你提起画笔时，是否想过有人用笔画出了高深的数学？是否想过画家借助数学有了传世的画作？是否想过数学漫画在科学普及中的独特功用？

　　当你开车在路上、漫步在街道、徜徉在人海时，是否仔细留意过路牌、建筑、雕塑等？是否在其中品出过数学的味道？我们在本系列书中会带给大家这种随处与数学偶遇的新鲜体验。

　　数学并不是干瘪无味的，其具有自身的内涵和气韵。数学虽然并不总是以应用为目的，但是数学与应用的关系却是非常密切的。在本系列书中，我们会介绍一些生动有趣的数学问题以及别开生面的数学应用。

　　数学的传播和交流十分重要。英国哲学家培根曾指出："科技的力量不仅取决于它自身价值的大小，更取决于它是否被传播以及被传播的广度与深度。"我们特意选取几个国外独具特色的交流活动，进行隆重介绍，也在书里间或推介其他一些中外数学写手，以期能对国内的数学普及活动有所启示和借鉴。

　　英年早逝的挪威数学家阿贝尔说："向大师们学习。"培根说："历史使人明智。"我们专门或穿插介绍了一些史实和数学家的奇闻逸事，希望读者能够沐浴到数学家的伟大人格和光辉思想，从而受到精神的洗礼和有益的启迪。

　　在岳昌庆副编审的建议下，本系列书先期发行三册，每册的正文包含 15 章左右。第 1 册的内容主要侧重于数学与艺术和生活的关系等；第 2 册的内容主要侧重于一些生动有趣的数学问题和数学活动等；第 3 册的内容主要侧重于数学的应用等。下面是各册的主要篇目。

【第 1 册】

第一章　雪花里的数学

第二章　路牌上的数学、计算游戏 Numenko 和幻方

第三章　钟表上的数学与艺术

我们可能都注意到，幼小的儿童常常最具有想象力，而随着在学校的学习，他们的知识增加了，但想象力却可能下降了。很遗憾，学习的过程就是一个产生思维定式的过程，不可避免。教师和家长所能做的就是让这个过程变成一个形成—打破—再形成—再打破的过程。让学生认识到，学习的过程需要随时从不同的角度去思考，去看事物的另一面。本系列书希望给学生、教师和家长提供打破思维定式的一个参考。

特别需要提醒读者的是，我们的行文描述并不仅仅停留在问题的表面，我们会通过自己多年积累的研究和观察，将它们从纵向推进到问题的前沿，从横向尽可能使之与更多问题相联系，其中不乏我们的新思维、新视角和新成果。数学的累积特性明显，数学大厦的搭建并非一日之功。通常来讲，为数不多的具有雄才大略的数学家，高瞻远瞩地搭建起数学的框架，描绘出数学的宏伟蓝图。那么，人们如何去把这个框架填充起来？该填充些什么？又该如何去扩展？我们花费心思，在本系列书中给出了大量的扩展思考(用符号 Q 表示)和相关问题(用符号 题 表示)，其目的就是希望给读者一个提示或指引，希望读者学会联想和引申思考，增强阅读的主动性，从而发现潜在的研究课题。这也是本系列书的一大特色。需要说明的是，这些题目有难有易，即便不会也无妨碍，仅作学习和教学的参考未尝不可。

我们在每一个章末都附有参考文献，每一册末编制了人名索引(不包括尚健在的华裔和中国人)，以便于读者参阅和延伸阅读。在行文中也会注意渗透我们的哲思和体悟，用发自内心的情感来感染读者，希望读者能够有所体会和领悟。

数学应该是全民的事业。数学的传播应该由大家一起来完成。社会媒体的出现为我们提供了一个前所未有的机遇。实际上，本系列书的缘起要从第一著者在科学网开办"数学都知道"专栏谈起。自 2010 年起，第一著者在科学网开设了博客，着重传播数学和科学内容，设有"数学文化""数学都知道""够数学的"等几个专栏。其中"数学都知道"专栏相对更受欢迎一些。我们将在每册的附录里对这个专栏作较为深入的介绍。需要强调的是，这个专栏与本系列书有本质的不同。"数学都知道"专栏是一个数学信息的传播渠道，属于摘抄的范畴，而本系列书则是我们两人多年来数学笔耕的结晶。除了已公开发表的文章外，本系列书不少章节是从未发表过的。但由于这个专栏的成功，我们在此借用它作为本系列书的书名。在此，感谢科学网提供博客平台，也感谢科学网编辑的支持！

在本系列书中，我们试图把读者群扩大到尽可能大的范围，所以对数学知识的要求从小学、初中到大学、研究生的水平都有。本系列书可以作为综合大学、师范院校等各专业数学文化和数学史课程的参考书，供数学工作者、数学教育工作者、数学史工作者、其他科技工作者以及学生使用，也可以作为普及读物，供广大的读者朋友们阅读，对想了解数学前沿的研究生亦开卷有益。

本系列书含有许多图片。对于非著者创作的图片，我们遵循维基百科的使用规则和原著者的授权；对于著者自己提供的图片，遵循创作共用授权相同方式共享（Creative Commons license-share-alike）。本系列书所有章节都参考了维基百科上的内容。为避免重复，我们没有在各章的参考文献中列出。

虽然第一著者现在已经不再专门从事数学的教育和研究工作，但出于对数学难以割舍的情感而在业余时间里继续写作数学科普小品文。在一定的积累之后，著书的想法已然在心里萌生。最终决定与同为数学专业的第二著者一起合作本系列书，更多地是为了心灵的安宁，为了心智的荣耀。而我们是否能最终得到这份安宁和荣耀，则要请读者来给予评判。

寒来暑往韶华过，春华秋实梦依在。我们说有一颗怎样的心就会有怎样的情怀，有怎样的情怀就会做怎样的梦。如果读者在阅读本系列书时，能感受到我们的满腔赤诚，将是对我们最大的褒奖！如果读者在阅读中有所收获，将是对我们莫大的慰藉！如果全社会能营造起良好的数学文化氛围，相信"钱老之问"就有了解决的一丝希望。腹有诗书气自华，最是书香能致远。衷心希望本系列书对读者有所裨益！

由于本系列书涵盖的内容十分广泛，有些甚至是尖端科技领域，限于著者水平，错误和疏漏在所难免，我们真诚地欢迎广大读者朋友们予以批评和指正，以便我们进一步更正和改进。

在本系列书即将付梓之时，我们首先衷心感谢王梓坤先生为本书题字。王先生虽然高龄，但在我们提出请求后的当天就手书了五个书名供我们挑选。衷心感谢为本系列书提出宝贵建议和意见的专家和学者们！衷心感谢张英伯、王昆扬教授一如既往的大力支持和无私惠助；衷心感谢母校老师对我们的悉心培养！衷心感谢《数学文化》编辑部所有老师对我们的厚爱；第一著者借此机会衷心感谢他的导师孙永生先生的谆谆教诲。孙先生已经离开了我们，但是他对第一著者在数学上的指导和在如何做人方面的引导是第一著者终生的财富。还要衷心感谢科学网博客和新浪微博上的诸多网友，特别是科学网博客的徐传胜、王伟华、李泳、程代展、王永晖、李建华、曹广福、梁进、杨正瓴、张天蓉、武际可和新浪微博的"万精油墨绿①"、数学与艺术 MaA、ouyangshx、哆嗒数学网等网友。我们通过他（她）们获得了一些写作的灵感和素材。衷心感谢北京师范大学出版社张其友编审的大力支持和热心帮助！衷心感谢北京师范大学出版社负责本系列书出版的领导和老师们！

最后，衷心感谢我们的家人给予的温暖支持！

蒋迅、王淑红
2016 年 3 月

---

①　此处为笔名或网名。全套书下同。

目　录

第一章 艾尔思矩形、"哈佛定理"和康威圆定理

在本章里,我们介绍几类平面几何问题。

1. 艾尔思矩形

1.1 艾尔思矩形与含 15° 角的直角三角形

学习过平面几何和三角函数的读者都对含 30°角的直角三角形和含 45°角的直角三角形以及勾股定理的性质非常熟悉了。三角函数在这些角度的值(在 0°到 90°之间)可以用一个非常容易记忆的表 1.1 给出:

表 1.1

角度 θ	0°	30°	45°	60°	90°
弧度	0	$\dfrac{\pi}{6}$	$\dfrac{\pi}{4}$	$\dfrac{\pi}{3}$	$\dfrac{\pi}{2}$
$\sin\theta$	$\dfrac{\sqrt{0}}{2}$	$\dfrac{\sqrt{1}}{2}$	$\dfrac{\sqrt{2}}{2}$	$\dfrac{\sqrt{3}}{2}$	$\dfrac{\sqrt{4}}{2}$
$\cos\theta$	$\dfrac{\sqrt{4}}{2}$	$\dfrac{\sqrt{3}}{2}$	$\dfrac{\sqrt{2}}{2}$	$\dfrac{\sqrt{1}}{2}$	$\dfrac{\sqrt{0}}{2}$
$\tan\theta$	0	$\dfrac{1}{\sqrt{3}}$	1	$\sqrt{3}$	不存在
$\cot\theta$	不存在	$\sqrt{3}$	1	$\dfrac{1}{\sqrt{3}}$	0

这里,我们把第三行的正弦函数的值写成一种容易记忆的形式。于是第四行余弦函数的值就是把第三行的数值"反方向"列出;第

五行是第三行与第四行的比值；第六行是第五行数值的"反方向"罗列。有了这张表，我们可以轻易得到一些特殊角的正弦、余弦、正切和余切的值。

但我们没有一个很好的办法记住 15° 和 75° 的三角函数的值。遇到这种情况的时候，我们可能就会求助于和角公式。

在本章里，我们介绍另外一种方法——构造一种特殊的矩形并利用勾股定理来得到 15° 和 75° 的三角函数的值。这种矩形是美国一位中学老师艾尔思在 1971 年发现的，所以这种矩形叫作艾尔思矩形。

如图 1.1，让我们从含 30° 角的直角三角形开始，我们不妨假定它的三条边长分别是 1，2 和 $\sqrt{3}$。取两个全等的这样的三角形摆成如图 1.1 的形状。显然，能把这两个三角形包在里面的是一个长为 $\sqrt{3}+1$、宽为 $\sqrt{3}$ 的矩形。连接这两个三角形的两个上面的顶点后，我们看到了一个两直角边为 2 的直角三角形。于是我们刚作的连线的长度为 $2\sqrt{2}$。现在我们把其中的角都标出来，于是就发现最上面的一个三角形就是一个含 15° 角的直角三角形（如图 1.2）。

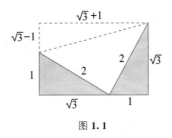

图 1.1

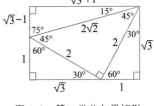

图 1.2　第一类艾尔思矩形

运用勾股定理和三角函数的定义，我们很容易得到：

$$\sin 15° = \cos 75° = \frac{\sqrt{3}-1}{2\sqrt{2}} = \frac{\sqrt{6}-\sqrt{2}}{4},$$

$$\cos 15° = \sin 75° = \frac{\sqrt{3}+1}{2\sqrt{2}} = \frac{\sqrt{6}+\sqrt{2}}{4},$$

$$\tan 15° = \cot 75° = \frac{\sqrt{3}-1}{\sqrt{3}+1} = \frac{(\sqrt{3}-1)^2}{3-1} = 2-\sqrt{3},$$

$$\cot 15° = \tan 75° = \frac{\sqrt{3}+1}{\sqrt{3}-1} = \frac{(\sqrt{3}+1)^2}{3-1} = 2+\sqrt{3}。$$

艾尔思矩形还有一个变形,也是由艾尔思得到的。如图 1.3(a),他使用了一个直角边为 1 的等腰直角三角形和一个直角边为 $\sqrt{3}$ 的等腰直角三角形拼接到一起。能把这两个三角形包在里面的也是一个长为 $\sqrt{3}+1$ 和宽为 $\sqrt{3}$ 的矩形。如前一样,连接这两个三角形的两个上面的顶点,我们得到了一个直角边长分别为 $\sqrt{2}$ 和 $\sqrt{6}$ 的直角三角形。它的斜边长为 $2\sqrt{2}$。我们也把所有的角都标出来后就发现最上面得到的也是一个含 15°角的直角三角形(如图 1.3(b))。

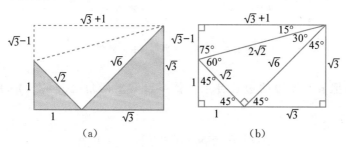

图 1.3　第二类艾尔思矩形

比较这两个构造,显然第一个构造更为自然一些,因为第二个构造是为了凑出 $\sqrt{3}+1$ 而作出一个直角边为 $\sqrt{3}$ 的等腰直角三角形。这让我们反思,到底怎样作一个含 15°角的直角三角形才是自然的?

1.2　三角函数的和差公式、第三类艾尔思矩形

我们知道，15°和 75°角的三角函数的值可以从三角函数的和差公式得到，因为 $15°＝45°－30°$，$75°＝45°＋30°$。所以从这个思路出发似乎更为自然。现在假定我们有角 α 和角 β，满足 $0°\leqslant\alpha+\beta\leqslant 90°$。如图 1.4 作一个斜边长为 1 并且一个角为 β 的直角三角形。然后我们以角 β 所在的直角边为斜边作一个角为 α 的直角三角形。我们可以仿照艾尔思矩形的思想作一个最小的矩形将这个四边形包含在内。

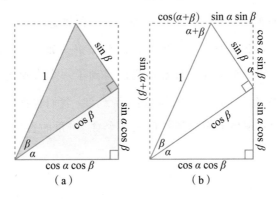

图 1.4　三角函数之和公式示意图

把余下各边的边长补上，就可以看出两角之和的三角函数公式

$$\sin(\alpha+\beta)=\sin\alpha\cos\beta+\cos\alpha\sin\beta,$$
$$\cos(\alpha+\beta)=\cos\alpha\cos\beta-\sin\alpha\sin\beta。$$

为了得出两角之差的三角函数公式，我们需要对前面的构造作一点变形。如图 1.5，可以看出有

$$\sin(\alpha-\beta)=\sin\alpha\cos\beta-\cos\alpha\sin\beta,$$
$$\cos(\alpha-\beta)=\cos\alpha\cos\beta+\sin\alpha\sin\beta。$$

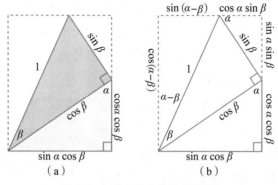

图 **1.5**　三角函数之差公式示意图

在图 1.4 中取 $\alpha=30°$，$\beta=45°$，并将矩形适当放大就可以得到第一个艾尔思矩形。在图 1.5 中取 $\alpha=45°$，$\beta=30°$，并将矩形适当放大就可以得到第二个艾尔思矩形。

现在我们利用图 1.4 和图 1.5 来构造一个与艾尔思矩形不同的矩形。因为从图 1.4 和图 1.5 出发是类似的，我们就选择图 1.4 介绍新的思路。首先，为了方便起见，我们将图 1.4 中的长度为 1 的线段放大到 4，所有其他线段的长度按这个比例放大。如图 1.6，取 $\alpha=45°$，$\beta=15°$，也就是我们把含 15°角的直角三角形放在了中间。我们可以把图中各条线段的长度标出。

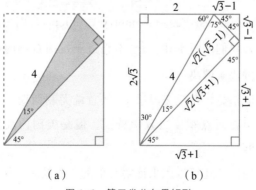

图 **1.6**　第三类艾尔思矩形

艾尔思矩形对于课堂教学特别有意义，因为它的三角剖分中总是同时包含最重要的三个直角三角形：含 30°角的直角三角形、含 45°角的直角三角形和含 15°角的直角三角形。它们都是只有一条边的边长为平方根数（在相似的意义下）。

回到图 1.1，想象我们把其中的含 15°角的直角三角形去掉后得到了一个梯形。而这个形状正是美国第 20 任总统詹姆斯·艾布拉姆·加菲尔德证明勾股定理的思路。我们不妨顺便介绍一下。在加菲尔德担任总统之前是一所学院的教授，后来他当上了众议员，他就是在众议院当议员的时候证明了勾股定理。图 1.7 是加菲尔德当年的示意图。读者应该很容易补上他的证明。

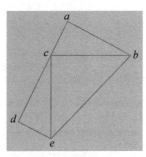

图 1.7　证明勾股定理示意图/加菲尔德

含 15°角的直角三角形不是一个特别困难的三角形。一个更难处理的三角形是顶角为 20°的等腰三角形。由此产生的一系列问题称为兰利问题（Langley problem）。用纯几何的方法解这类问题非常难。Q想挑战一下自己的读者可以找一下"世界上最难的简单几何题"（The Hardest Easy Geometry Problem）。因为已经有了这方面的文章，我们不再赘述。题不想过于挑战自己的可以考虑用三角函数的方法来解决。

除了加菲尔德，据说美国第 18 任总统尤利西斯·辛普森·格兰特也曾希望在西点军校当数学教授。但是美国内战彻底改变了他的职业生涯。

艾尔思的技巧还可以用来证明其他的一些结果。比如

题 如图1.8，可以证明$\tan^{-1}(1) + \tan^{-1}\left(\dfrac{1}{2}\right) + \tan^{-1}\left(\dfrac{1}{3}\right) = \dfrac{\pi}{2}$。

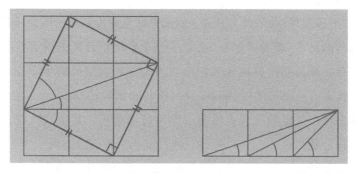

图 1.8 无字证明

我们在这里采用的三角函数的反函数符号是英国数学家约翰·赫歇尔爵士在1813年引入的。注意他不是那个发现了天王星的威廉·赫歇尔爵士，而是他的儿子。这道题与普雷什·塔瓦克拉尔博士的博客"谨慎决定"（Mind Your Decisions）中的一道题相同。

2."哈佛定理"——一个被高大上了的几何定理

2.1 "哈佛定理"

在"数学教育与竞赛"微信群里有这样一道题（如图1.9，不按比例）。据说是国内一个小学用来选拔五年级学生的一道题目。有学生居然秒解出来。有人拿到群里给老师们做。当然这个群里大

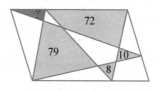

图 1.9 一道平行四边形网红题

有能人。基本上也是秒解出来的。他们说是用到了一个"哈佛定理"。想必那些天才学生也是知道这个所谓的"哈佛定理"的。在美

国，平面几何最早也要等到七年级。可能中国大陆的数学教育真是超前许多。

"哈佛定理"是个什么神器？原来把这道题传到网上的是一位数学老师的博客"谨慎决定"。这是一个非常值得订阅的博客。作者普雷什·塔瓦克拉尔是从美国斯坦福大学数学与经济学专业毕业的。作者有自己的油管（YouTube）视频和推特（Twitter），还出版五本书籍。这道题是说：给定一个平行四边形，其中浅蓝色区域的面积分别为 8，10，72 和 79。求深蓝色三角形的面积。

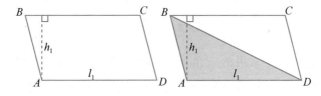

图 1.10　平行四边形对角线示意图一

这道题的关键是平行四边形与对角线下的三角形的面积公式。如图 1.10。我们知道，平行四边形的面积是底乘高，而被对角线分割出来的两个三角形的面积都是平行四边形面积的一半。这里的高是两条水平平行边之间的距离 h_1，我们把它称为竖高。它垂直于两条平行线。记水平边的边长为 l_1，则有 $S_{\square ABCD} = l_1 h_1$，$S_{\triangle ABD} = \dfrac{l_1 h_1}{2} = \dfrac{S_{\square ABCD}}{2}$ 成立。同时我们也知道，与两条平行的倾斜边垂直也可以作高线，我们将它称为斜高，记为 h_2。记倾斜边的边长为 l_2，则有（如图 1.11）

$$S_{\square ABCD} = l_2 h_2, \quad S_{\triangle ABD} = \frac{l_2 h_2}{2} = \frac{S_{\square ABCD}}{2}。$$

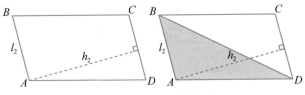

图 1.11 平行四边形对角线示意图二

这两个公式可以稍微再推广一点。假定我们在□$ABCD$ 的一条平行底边上有两个紧紧相挨的三角形。如图 1.12(a)，它们的上底边只有一个交点而且两个三角形的底边充满了整个平行四边形的边 BC。再假定它们的另一个顶点都在平行四边形的另一条平行边 AD 上，那么这两个(蓝色)三角形面积之和也同样是平行四边形面积的一半。在图 1.12(b)中，两条平行线是 AB 和 CD。

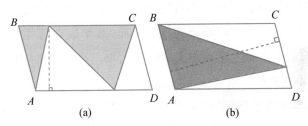

图 1.12 "哈佛定理"示意图

当然我们也可以把这个结论推广到更复杂的 n 个三角形的情况，现在我们已经有了足够的准备。让我们再次回到一开始的问题上(如图 1.13)。把所求的面积记为 x，把其他几个位置区域的面积也都分别标上 a，b，c，d，e 和 f。

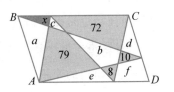

图 1.13 回到一道平行四边形网红题

首先考虑平行四边形的上底边 BC 下面的两个紧紧相挨并覆盖

了整个上底的一直延伸到下底的两个三角形。在图 1.12(a)中，我们用蓝色来示意它们。由上面的讨论，我们有

$$(x+a)+(72+b+8)=\frac{S_{\square ABCD}}{2}。$$

再来看平行四边形的左倾斜边上覆盖了整个左倾斜边并延伸到了右倾斜边的三角形。在图 1.12(b)中我们用灰色来示意它。我们有 $a+79+b+10=\frac{S_{\square ABCD}}{2}$。于是

$$(x+a)+(72+b+8)=a+79+b+10。$$

从这个等式中消去 a 和 b，就得到了 $x=79+10-72-8=9$。

做完了题目，可能有读者会问："哈佛定理"在哪里呢？原来上面提到的三角形面积为平行四边形面积的一半的结论有时候被称为"一半定理"（也叫"一半模型"）。而"数学教育与竞赛"群里做题的群友们大多是生活在北美的数学大咖。他们用了"Half Theorem"这样一个英文词。这个词有点土气。他们就又把这个英文词音译成了"哈佛定理"这样一个高大上的名字。于是一个与哈佛大学没有一点关系的"哈佛定理"就诞生了。当然我们在教学中不太适合用这个名字，但从这个有趣的故事中可以学到一点知识，得到一点技巧也是挺不错的。

🛑题 这是一道小题。见图 1.14，求灰色三角形的面积。

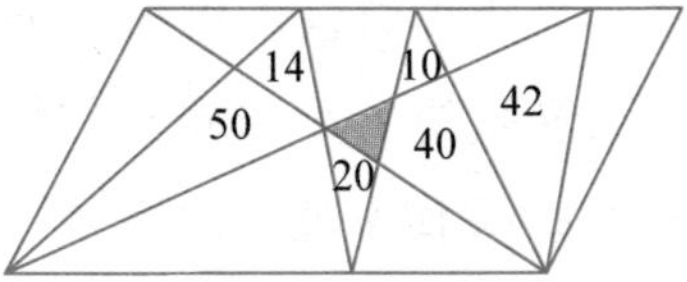

图 **1.14** 一道小题

2.2 一道网红题

让我们来看图 1.15 的这道题：一排 3 个正方形，其中两个小正方形的边长分别是 4 cm，3 cm，求 $S_{\triangle ABC}$。这是网上流传的一道中学数学考题。据说这是由学生出的竞赛题目，当时震惊竞赛命题组。我们不去考察这个传言是否属实，而是来看一看这道题

到底应该如何去解，解法有几种，并且对这几种解法作一个比较。

四年级 春季班 第10次 姓名
_____

1. 如图，3个正方形，两个小正方形的边长分别是4 cm，
3 cm，求$S_{\triangle ABC}$.

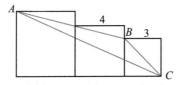

图 **1.15** 一道网红题/互联网

　　直观地来看，这个几何图形是由直角形成的非常正规的阶梯图案构成的。一个最自然的想法是用解析几何方法来解（如图1.16）。目前，已经有了右边两个小正方形的边长，唯一缺少的是大正方形的边长。我们不妨记其为 x，于是只要我们求出了 x 的值，点 A，B 和 C 的坐标就都可以确定，再根据两点距离公式，易得$\triangle ABC$ 的三边长，最后根据海伦公式就可以得到$\triangle ABC$ 的面积。从图形上看，点 A、点 B 和中间正方形的左上顶点共线。由此，我们可以利用平面上三点共线的条件通过计算得到 x 的值。这里，我们把细节忽略，着重方法的探讨。

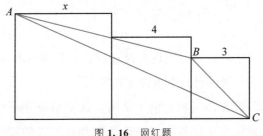

图 **1.16** 网红题

　　但读者想到没有，原题的陈述中根本没有说上面那三个点是共线的，尽管看起来似乎如此。我们能用这个条件吗？如果是在

微信、推特上的《几何小吃》，当然没问题，但作为一道正式的考题，这是不被允许的。不知道出题人是有意还是无意地把图像画成了这样。其实更一般的图应该是图1.17。

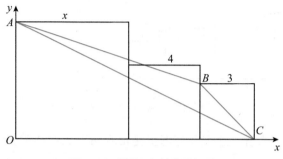

图 1.17   更具一般性的网红题

修改之后，三点共线的条件不再适用。但我们还是可以继续走解析几何的思路，也就是想办法将几何问题转化为代数问题。$\triangle ABC$ 的三个顶点的坐标就分别为 $A(0，x)$，$B(x+4，3)$，$C(x+7，0)$。现在我们可以用"鞋带公式"（shoelace formula）来求解。"鞋带公式"适用于多边形，具体到三角形的情况，我们可以用行列式来表示：

$$S_{\triangle ABC}=\frac{1}{2}\begin{vmatrix} 0 & x & 1 \\ x+4 & 3 & 1 \\ x+7 & 0 & 1 \end{vmatrix}。$$

用这个方法，我们会发现，经过计算，那些含有 x 的项都能被消掉。最后得到的是一个不含 x 的常数。

"鞋带公式"虽然经典，但不常用，这个思路并不自然。甚至我们都不能假定学生已经学过解析几何和行列式的知识。也许我们应该放弃解析几何的方法，转而寻求更初等的途径。但是"鞋带公式"的确给了我们一个有益的提示：$\triangle ABC$ 的面积与大正方形的

边长无关。也就是说，你可以让最
左边的正方形（只要是正方形）随意
增大或减小，甚至可以令它的边长
趋近于零。让我们设其边长就是 0，
于是得到图 1.18。求解这个三角形
的面积就应该轻而易举了。我们只

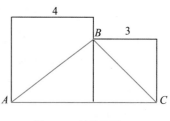

图 **1.18**　特殊情形

凭心算都可以得到 $S_{\triangle ABC}=10.5\ \mathrm{cm}^2$。这个思想很重要。类似的竞
赛题也很多。

　　如果你参加的是一个多项选择或只要答案的数学竞赛，这个
方法能让你快速得到答案。这一点很重要，因为在许多竞赛题目
里，你可以通过这种办法大大地降低问题的难度。但如果要求你
必须给出证明的话，问题就没有这么简单了。我们需要进行更深
入的思考才行。

　　现在让我们回到最具一般性的图 1.17。在最左边的正方形和
最右边的正方形里分别画出对角线所在直线 l_1 和 l_2（如图 1.19）。
我们会马上发现，原来 l_1 和 l_2 是平行的！所以，我们可以把
$\triangle ABC$ 看作以 BC 为底的三角形，而点 A 在 l_1 上可以任意滑动，
$\triangle ABC$ 的面积不变。图 1.16 是这一族变化图形中的一个特例。

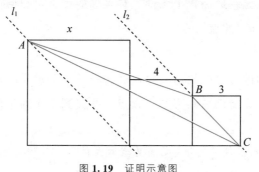

图 **1.19**　证明示意图

综观上面的几个思路，我们看到通过作辅助线进行等面积变形的方法最为巧妙，也最容易计算。但这个思路不太容易看出。利用行列式的解析方法是一种最不用动脑子的纯计算方法，但计算起来工作量稍大一些。到底我们应该鼓励哪种方法是一个见仁见智的问题。从学习几何的角度出发，我们推崇添加辅助线的方法。但是从未来工业计算的角度来看，行列式的方法用途更广。对此感兴趣的读者可以进一步了解计算机辅助设计和计算数学的知识。这些内容都已经超出了本书的范围。从应试的角度出发，我们应该保底求快，在稳扎稳打的基础上力争巧妙。学生应该通过此题开阔眼界。

Ｑ 作为学生的读者，应该顺便总结一下，这里我们用到了多少种求解三角形面积的方法？其中哪些可以推广？本题给了三个正方形，这个条件能否可以减弱？

作为教师的读者，应该从这道题里吸取一个教训：几何图形要制作得尽可能一般。过于特殊的形状很容易误导学生。在国外，有些人甚至故意把图形作得不合比例（同时加以说明），这是有一定道理的。这里有一个例外：当教师有某种特殊目的而不在意学生可能有意无意地简化了条件。有兴趣的读者可以阅读本书第四章"《几何小吃》的简约美"。

2.3　更多例子[①]

在上面的讨论中我们看到，解题的一个关键是在保持面积不变的情况下，滑动三角形某个顶点，并找到一个对解题最为有利

_____

① 平行线教育竞赛部的雷勇老师提供了本节的例题和讲解。特此致谢！

的地方。这是一个有别于辅助线的几何证明方法。这应该引起讲授平面几何的教师的注意，并对学生进行专项训练。

让我们再来看两个例子。第一个例子在本书第四章"《几何小吃》的简约美"中将出现（见例 7）。在此我们省略证明。

例 1 如图 1.20，给定一个正七边形 $ABCDEFG$，H 为 CF 的中点.

求证 $S_{\square ABHG} = S_{\square CDEF}$。

我们再看一道题目，与例 1 有异曲同工的思维乐趣。

例 2 如图 1.21，在长方形 $ABCD$ 中，EF 平行于对角线 AC，如果 $\triangle BFC$ 的面积为 a cm²，求 $\triangle AEB$ 的面积。

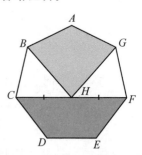

图 1.20 例 1 示意图

这道题目同样看起来条件给得过少，而且两个三角形之间的联系不够紧密。直观的求解方式应该把长方形两边的长度设出来，进而借助平行给出的比例关系求出 $\triangle AEB$ 的直角边长度。

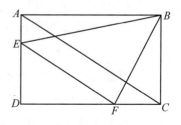

图 1.21 例 2 示意图一

若像上个题目一样，想到一个合适的面积转化方式，这个题也能找到简洁优美的思路。

如图 1.22，连接 AF 和 EC 后，可以发现 $\triangle BFC$ 与 $\triangle AFC$ 共用底边 FC，顶点 A 在线段 AB 上滑动，保持它们的面积相等。同样 $S_{\triangle AEB} = S_{\triangle AEC}$，$\triangle AFC$ 又与 $\triangle AEC$ 共用 AC 边，对应高度都是两条平行线间的距离，故 $S_{\triangle AEC} = S_{\triangle AFC}$。这样就知道所求 $\triangle AEB$ 的面积就是 $\triangle BFC$ 的面积 a cm²。

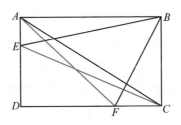

图 **1. 22** 例 2 示意图二

再看一个例子，1998 年普特南数学竞赛（Putnam Mathematical Competition）有这样一个题目。

例 3 如图 1.23，令 s 为单位圆在第一象限的一段弧，该段弧长为一个定值。弧 s 下方，x 轴上方的区域面积记为 a。弧 s 左侧 y 轴右侧的区域面积记为 b。试证明 $a+b$ 的值仅取决于弧的长度，与 s 的位置无关。

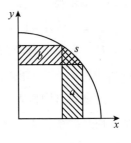

图 **1. 23** 例 3 示意图一

虽然题目中弧 s 长度是确定的，但它所在位置不同，圆弧在 x 轴和 y 轴上的投影长度在变化，若是按常规思路去求解面积，还是比较烦琐的。注意到 s 是在圆弧上滑动的，这立即让我们想到了"哈佛定理"。

根据"哈佛定理"，通过滑动点 A 到 B，我们看到（如图 1.24），

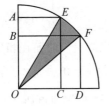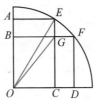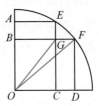

图 **1. 24** 例 3 示意图二

矩形 $ABGE$ 的面积等于 $\triangle OEG$ 面积的 2 倍；同理，矩形 $CDFG$ 的面积等于 $\triangle OGF$ 面积的 2 倍。这样所求的面积恰好是扇形 OEF 面积的 2 倍。只要弧长 s 固定，扇形面积就是定值。

3. 康威圆定理——纪念康威

英国数学家约翰·康威于 2020 年 4 月 11 日因新冠肺炎并发症在美国新不伦瑞克市（普林斯顿附近）的老人疗养院去世，终年 82 岁。康威的去世震惊了整个数学界。他在数学上的成就是全面性的。他的研究领域包括有限群、趣味数学、纽结理论、数论、代数、分析、算法组合博弈论、编码学和理论物理学等范畴。我们在本节中介绍他在平面几何方面的一些工作，以此纪念这位伟大的数学家。

3.1 康威圆定理

康威最引以为豪的是他的"生命游戏"。其实康威引以为豪的还有很多，其中就包括一个平面几何定理"康威圆"（Conway's Circle）定理。有一次俄裔美国数学家谭雅·科瓦诺娃看到他穿了一件后背印有这个康威圆定理图案的衣服，坚持让他把身子转过去背对着自己，可怜的康威先生就一直这样站着，直到科瓦诺娃想出了证明。在这里我们继续谈康威圆。

如图 1.25，假定我们有一个 $\triangle ABC$。三条边的边长为 $a = |BC|$，$b = |AC|$ 和 $c = |AB|$。从 C 向 A 作延长线并在延长线上取点 A_b 使得 $|AA_b| = a$，以此类推得点 A_c，B_c，B_a，C_a 和 C_b。那么这个定理说：这六个点共圆。这个圆叫作康威圆。康威圆的半径为

$$R = \sqrt{\frac{a^2b + a^2c + b^2c + b^2a + c^2a + c^2b + abc}{a+b+c}}。$$

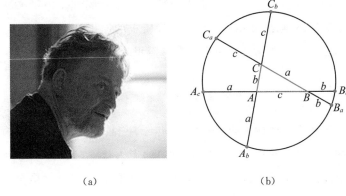

（a）   （b）

图 1.25   康威和康威圆

它的圆心就是△ABC 的内切圆的圆心。如果我们记 r 为内切圆的半径，p 为△ABC 的半周长，那么 R 还有一个用 r 和 p 表达的更简洁的公式。

康威圆始于康威发起的一个几何社交群[①]。他在那个群里发布了这个问题。后来人们就把它称为康威圆。他在与网友们讨论时还指出，当延伸的距离分别为 $a+x$，$b+x$ 和 $c+x$ 时结论仍然成立，其中 x 是使得 $a+x$，$b+x$ 和 $c+x$ 都大于零的任意实数。我们把证明推迟到第 3.3 节。

3.2   康威与平面几何

康威曾经对平面几何入迷。康威发现边长为 1，2 和 $\sqrt{5}$ 的直角三角形可以分割成五个全等的直角三角形并且它们都与原来的三角形相似。后来美国数学家查理·拉丁由此构造出了第一个平面的三角形非周期密铺，而且这些三角形的方向有无穷多（如图 1.26）。在同一个几何群里，康威发现，平分三角形面积的线段并

———————

①   这个群应该是 news：geometry. puzzles，但它已经解散了。

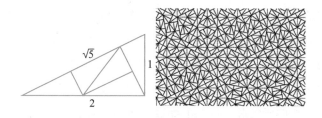

图 **1.26**　三角形非周期密铺/维基百科

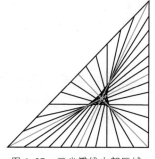

图 **1.27**　三尖瓣线内部区域

不都通过这个三角形的重心。这似乎违背了人们的直觉。事实上，如果对三角形用任意直线按等面积切割，那么这些直线会形成一个像三尖瓣线（deltoid curve）内部的几何区域（如图1.27）。康威甚至计算了这个区域的面积，它等于

$$\left(\frac{3}{4}\ln 2-\frac{1}{2}\right)\times S_{\triangle ABC}\approx 0.019\,86\times S_{\triangle ABC}。$$

康威考虑的是把三角形的面积平分的那些分割线。同样地，我们可以问：如果我们把三角形的周长平分，那些分割线会不会形成一个像三尖瓣线的图形呢？这个问题被美国的一个初中生米莱娜·哈内德解决了。事实上她考虑的是多边形的情况。她发现，得到的是若干不能连接的曲线。对于三角形来说，只有等边形可以给出一个连续封闭的曲线。哈内德是在参加了一个叫作"女生角"（Girls' Angle）的数学兴趣班后开始她的数学研究的。美国有许多这样的数学兴趣班，这个位于哈佛大学附近的兴趣班和另一个数学家组织的兴趣班"PRIMES"（也是在哈佛大学附近）里聚集了很多优秀的美国少年。Ⓠ仿照哈内德的思路，我们也可以返回到康

威考虑的问题，能否推广到多边形的情况？

康威与美国数学家彼得·道尔给出了莫雷角三分线定理的初等证明。莫雷角三分线定理是说，对一个任意的三角形，对其三个内角作角三分线，得到六条角三分线，靠近公共边三分线的三个交点组成的三角形，是一个等边三角形。我们在本书第七章"几何的颜色"里还要谈到这个定理。康威的证明在他写的著名文章"数学的力量"(*The Power of Mathematics*)中(如图 1.28)。

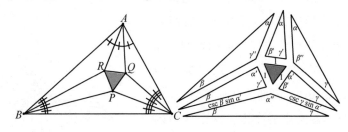

图 1.28　莫雷角三分线定理/康威

读者一定会联想到，一个任意三角形的三个内角角平分线相交于一个点。这个点就是这个三角形的内切圆的圆心。为了把这两个定理写成一个统一的形式，让我们换一种表达方式。

在二等分角的情况里，记 $n=2$，假定有三个角 α，β，γ 满足 $\alpha+\beta+\gamma=\dfrac{180°}{2}=90°$。取 $\alpha'=\alpha+90°$，$\beta'=\beta+90°$，$\gamma'=\gamma+90°$，再作三个三角形。它们是：以 α，β，γ' 为内角的三角形，以 α，β'，γ 为内角的三角形和以 α'，β，γ 为内角的三角形。则可以在适当伸缩后使得它们拼成一个以 2α，2β，2γ 为内角的三角形(如图 1.29)。

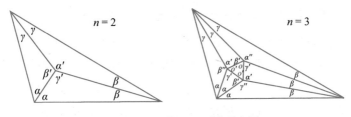

图 1.29　$n=2$ 和 $n=3$ 时的示意图

在三等分角的情况里，记 $n=3$，假定有三个角 α，β，γ 满足 $\alpha+\beta+\gamma=\dfrac{180°}{3}=60°$。取 $\alpha'=\alpha+60°$，$\beta'=\beta+60°$，$\gamma'=\gamma+60°$，$\alpha''=\alpha+120°$，$\beta''=\beta+120°$，$\gamma''=\gamma+120°$，再作七个三角形。这七个三角形如图 1.29 所示，我们不再赘述。那么可以在适当伸缩后使得它们拼成一个以 3α，3β，3γ 为内角的三角形。

注意这个新的描述就是康威的证明思想。用这个描述，我们可以把结果推广到任意的 $n=2$，3，4，5，⋯ 的情形（如图 1.30）。

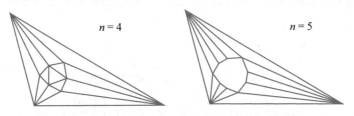

图 1.30　$n=4$ 和 $n=5$ 时的示意图/道尔和塞提

平面几何的题目千变万化，当然也有康威做不出来的。比如，计算圆内接四边形面积的婆罗摩笈多公式是印度古数学家和天文学家婆罗摩笈多在 628 年给出的。康威认为它应该有一个简单的、漂亮的几何证明，但他一直也没有找到。2021 年，美国数学家、曼德博数学竞赛创立者之一山姆·范德维尔德给出了一个证明。

康威自认为是一个经典几何学家，这毫不夸张。康威对几何的爱好始于他的高中时代。那时候他一直保存着一个笔记本，上面都是他自己有关三角形的发现。他甚至曾经计划出一本关于三角形的书，标题可能就是"三角形之书"（*The Triangle Book*）。那该多么有趣！可惜他计划中的合作者、一位高中数学教师斯蒂夫·西古尔意外去世，现在康威也去世了，不知这本书是否还有面世的机会。

　　再来看一个奇怪的房形图案。为了方便起见，我们把它称为康威小屋。

　　康威小屋不是康威本人发现的。一开始人们考虑的是在一个单位正方形中嵌入一个最大的等边三角形（图 1.31（a）中的下半部分）。显然这个三角形必须与正方形的四条边都相接。于是其中一个三角形的顶点就必须落在正方形的一个角上。在这个顶点上，等边三角形的两条边与正方形的两条边的夹角是 15°（图 1.31（a），看着是不是眼熟？）。可以算得，这个三角形的面积是 $2\sqrt{3}-3$。这

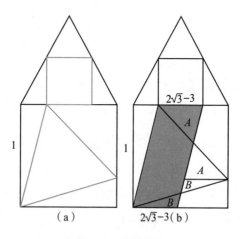

图 **1.31**　康威小屋

个值正好是单位等边三角形中最大正方形的边长。这个结论看似神奇，但康威把单位等边三角形放到正方形的上面，然后随手画了一个平行四边形，一下就把这个问题解决了(图 1.31(b))。他画的平行四边形就像是从阁楼上安了一个下楼的楼梯，它的面积与等边三角形的面积相等。

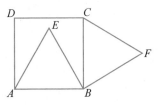

🏷题 这是在"关键数学"(Crux Mathematicorum)上的一道题目。"关键数学"是一个由加拿大数学会主持的数学网站，发布了很多具有挑战性的数学问题，面向中学生和大学生中的数学爱好者。如图 1.32，在这道题中，有一个正方形和两个等边三角形，求证：点 D，E，F 共线。

图 **1.32** 关键数学的题目

🔷Q 阿拉伯数学家、天文学家阿布·瓦法曾经给出了这个最大等边三角形的五种尺规作图方法。你能找到一种方法吗？

我们再来介绍康威和俄裔美国数学家亚历山大·索弗在《美国数学月刊》上发表的一篇论文："n^2+1 个单位等边三角形是否可以覆盖一个边长大于 n(例如 $n+\varepsilon$)的等边三角形？"它的正文只有两个词"n^2+2 can"和两幅图片(如图 1.33)。

这个问题是索弗在访问美国普林斯顿大学时提出的。康威立即表示了兴趣。在飞往一个会议的飞机上，康威得到了图 1.33(a)，即用 n^2+2 个等边三角形可以做到。它随后把结果告诉给索弗。索弗在另一个航班上得到了图 1.33(b)，也是 n^2+2 个，但覆盖方法却是完全不同的。当他们讨论投稿时，康威决定要破一次最短论文的记录：两个词的标题 ＋ 两幅图的文章。他们的稿件惊呆了编辑。怎么也要写上两行字吧？索弗反问道："数量和质量之

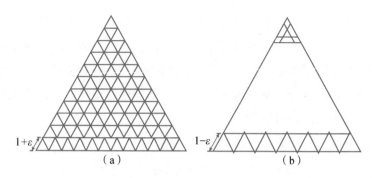

图 **1.33**　康威论文中的两幅图片

间有联系吗?"经过一番周折,《美国数学月刊》终于同意发表,但
私作主张写了一个长长的标题,然后把原来的两个词移到了文章
里。注意这里等边三角形是一个重要的条件,否则的话 Q 可以作
出 n^2+1 个三角形满足要求。

康威在几何上的贡献还有很多,比如康威多面体表示法(Con-
way polyhedron notation)、密铺数学理论的康威准则(Conway cri-
terion)等。他还为三角形创造了一个词"extraversion"。这个词的
原意是外向性或外侵性,但他在这里的意思是将一个三角形翻转。

3.3　康威圆定理的证明

现在让我们回到康威的六点共圆定理的证明。证明的过程对
于推广的康威圆也适用,但我们仅限于对经典的情况进行证明(即
$x=0$)。我们只需要证明点 I 到这六个点的距离相等。

证明的思路是证明从点 I 到点 A_b,A_c,B_c,B_a,C_a 和 C_b 的
距离都相等。

如图 1.34(a),取点 M 为弦 $C_a C_b$ 的中点。在 $\triangle CC_a C_b$ 中,
CM 是中线,并且 $|CC_a|=|CC_b|=c$。所以,CM 垂直于 $C_a C_b$ 且
是 $\angle C_a IC_b$ 的角平分线。

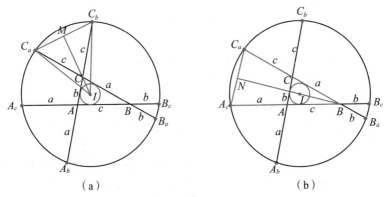

（a）　　　　　　　　　　　（b）

图 1.34　康威圆定理证明

因为 $\angle C_b CM = \dfrac{\angle C_a C C_b}{2} = \dfrac{\angle ACB}{2} = \angle ICB$，我们知道，$I$ 在 CM 所连的直线上。于是，$|IC_a| = |IC_b|$。类似地，我们有 $|IA_c| = |IA_b|$，$|IB_a| = |IB_c|$。

现在取 N 为弦 $A_c C_a$ 的中点（如图 1.34（b）。在 $\triangle C_a A_c B$ 中，我们有 $|NA_c| = |NC_a|$ 且 $|C_a B| = |C_a C| + |CB| = a + c = |A_c A| + |AB| = |A_c B|$。因此，$BN$ 是 $C_a A_c$ 的垂直平分线，也是 $\angle C_a B A_c$ 的角平分线。因为 $\angle C_a B A_c$ 也是 $\angle ABC$，而 I 是内切圆的中心，所以 I 在 BN 上。因为 BN 垂直平分 $C_a A_c$，我们知道，$|IC_a| = |IA_c|$。类似地，

$$|IA_b| = |IB_a|，\quad |IB_c| = |IC_a|。$$

从上面两段推理，我们得出结论，A_b，A_c，B_c，B_a，C_a 和 C_b 六点共圆且圆心就是内切圆的圆心。∎

最后，我们以康威的一个小故事来结束本章。康威是一个喜欢开玩笑的人，但有时候他的玩笑大了点。有一次，他居然把苏联・莫斯科（U. S. S. R. Moscow）列为共同作者。结果莫斯科竟然有了一个厄多斯数（Erdös number）。

参考文献

1. Ailles D S. Triangles and trigonometry. Mathematics Teacher，1971，64(6)：562.

2. Sid J. Kolpas（Delaware County Community College）. Mathematical Treasure：James A. Garfield's Proof of the Pythagorean Theorem. Convergence，2016，(2).

3. Ravi Vakil. A Mathematical Mosaic：Patterns & Problem Solving. New York：Brendan Kelly Publishing Inc，1996：87-88.

4. McKeague C P，Turner M D. Trigonometry. Boston：Cengage Learning. 2016：124.

5. Harned M. Perimeter Bisectors，Cusps，and Kites，International Journal of Geometry，2021：10(4)：85-106.

6. Etingof P，Gerovitch S，Khovanova T. 高中里的数学研究：PRIMES 的经验，数学文化，2021(12)：74-88.

7. Conway J：The Power of Mathematics，Cambridge：Cambridge University Press. 2005：16-36.

8. Doyle P，Sethi S. Conway's doughnuts. arXiv：1804.04024v1.

9. Dergiades N，Hung T Q. On Some Extensions of Morley's Trisector Theorem. arXiv：2005.08723v1. ①

10. John H，Conway，AlexanderSoifer. Can $n^2 + 1$ unit equilateral triangles cover an equilateral triangle of side $>n$，say $n+\varepsilon$?

11. Schwartz R E. Conway's Nightmare：Brahmagupta and Butterflies. arXiv：2201.07743.

12. Kichenassamy S. Brahmagupta's derivation of the area of a cyclic quadrilateral. Historia Mathematica，2010，37(1)：28-61.

第二章 古希腊三大几何问题的近似尺规作图

尺规作图是初等几何教育中的一个课题。它对培养学生的几何想象能力起到了重要作用。在古代，尺规作图的研究曾经促成多个数学领域的发展。一些结果就是为解决古希腊的三大几何问题而得到的副产品。对尺规作图的探索推动了对圆锥曲线的研究，并发现了一批著名的曲线。我们也知道，不是任何的几何图形都可以用没有刻度的直尺和圆规作出来的，其中最著名的就是古希腊的三大几何问题。尽管如此，人们还是尝试着用直尺和圆规作出尽可能接近目标的图形来。本章就介绍自古至今人们对古希腊三大几何问题的近似解法，特别是拉马努金的一个作图法和阿尔布雷希特·丢勒的一个作图法。本章也将提及著名数学家陶哲轩在其中一个问题上的讨论。

1. 古希腊三大尺规作图问题

所谓尺规作图，指的是只使用直尺和圆规经过有限次使用来作出不同的平面几何图形。这里，直尺必须没有刻度，无限长，且只能使用直尺的固定一侧。只可以用它来将两个点连在一起，不可以在上面画刻度。而圆规可以开至无限宽，但上面亦不能有刻度。它只可以拉开成你之前构造过的长度或一个任意的长度。

古希腊三大几何问题是早期希腊数学家特别感兴趣的三个问

题。它们分别是：

三等分角问题：分任意角为三等分。

倍立方体问题：求作一立方体，使其体积等于已知立方体的两倍。

化圆为方问题：作一个与给定的圆面积相等的正方形。

下面我们分别介绍这三个问题的发展历史和近似尺规作图。

1.1 三等分角的近似尺规作图

三等分角的尺规作图被旺泽尔在 1837 年证明是不可能的。他以代数方程理论为基础得到证明。此后，人们对这个问题仍然兴趣满满。很多人试图给出其他证明或证伪。费曼小时候曾以为他和小伙伴发现了三等分角的尺规作图法，当然那只是他在初中时的无知和无畏。试图证伪的一个著名结果是陶哲轩在 2011 年给出的几何证明，他的结果实际上证明了，只要 n 不是 2 的幂，任何 n 等分角都是不可能的。还有美国康奈尔大学数学教授卡恩的一些工作。另一些人则在减弱限制条件下证明。这方面的尝试有二刻尺方法、折纸方法、连锁作图法、直角尺作图法、辅助曲线作图法等，或者对一些特殊角度作图。关于二刻尺方法和折纸方法，可见本书第十一章"二刻尺作图的古往今来"。更多的是一些缺乏数学训练的业余数学爱好者们给出的大量尺规作图方法。他们声称旺泽尔的结果是错误的。有人把这些作图法收集起来，出版了书，这真是一件可悲的事情。而我们在这里要讨论的是在减弱结果的条件下的尺规近似作图。

三等分角的尺规近似作图相对于倍立方体和化圆为方来说是最容易的。我们可以反复四等分角来实现。这是基于下列的几何级数

$$\frac{1}{3} = \frac{1}{4} + \frac{1}{16} + \frac{1}{64} + \frac{1}{256} + \cdots$$

用这个方法作图，可以在有限步骤里对三等分角达到任意精度。以 $60°$ 角为例，用这个数列的前三项得到的是 $19.687\,5°$，用前四项得到的是 $19.921\,875\,687\,5°$——误差不超过 $0.078\,125°$。注意即使是 $60°$ 角，三等分角的尺规作图也是不可能的。类似地，可以用来作三等分角的级数还有一些，比如下面的几何级数

$$\frac{1}{3} = \frac{1}{2} - \frac{1}{4} + \frac{1}{8} - \frac{1}{16} + \cdots$$

假定我们已经有了一个足够精确的三等分角的方法，那么我们也可以依据等式 $\frac{1}{3} = \frac{1}{4} + \frac{1}{12}$ 来迭代实现近似。当然为了得到 $\frac{1}{12}$，我们必须将 $\frac{1}{4}$ 三等分。这时，由于 $\frac{1}{4}$ 已经比最初的角度小了许多，我们可以自然地认为这个方法得到的近似值也足够精确。按照这个思路，我们还可以依据等式 $\frac{1}{3} = \frac{1}{4} + \frac{1}{16} + \frac{1}{48}$ 来作。为此，我们需要将 $\frac{1}{16}$ 三等分以得到 $\frac{1}{48}$。我们看到，这里的思想是，对一个更小的角度作三等分以达到近似的目的，而且这个近似的误差可以任意小。

除了基于级数的作图法，也有其他达到不错精度的近似方法。

我们介绍德国中世纪末期、文艺复兴时期著名画家、雕刻家和数学家丢勒在 1525 年发表的一个作法。相信读者对他在艺术上的成就所知甚多，但其实他也是一位优秀的数学家，曾经写过关于几何学的著作《量度四书》（德文名：*Underweysung der Messung mit dem Zirckel und Richtscheyt*，可译为《使用圆规、直尺的量度

指南》或《量度艺术教程》），其内容主要是使用圆规、直尺的量度指南。而且他特别着重讲了几何学原理在建筑学、工程学和排版设计中的应用。从他的工作就可以看出西方艺术家早就认识到数学对于艺术创作的重要性。

如图 2.1，丢勒的作法如下：连接点 A 和 B 得弦 AB，将弦 AB 三等分得点 C 和 H。我们只需要点 C。过点 C 作 AB 的垂线交 $\overset{\frown}{AB}$ 于 D。以 A 为圆心，以 AD 的长度为半径作圆弧交 AB 于 E。三等分 CE 得点 F 使得 $|EF| = \dfrac{|EC|}{3}$。再以 A 为圆心，以 AF 的长

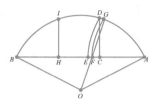

图 2.1　丢勒的近似三等分角示意图

度为半径作圆弧交 $\overset{\frown}{AB}$ 于 G。连接点 O 和点 G。那么 $\angle GOA$ 近似三等分 $\angle AOB$。仍以 60°角为例，误差大约是 0.01°。

1966 年，一位美国数学业余爱好者给出了一个只适用于角度小于 90°的方法（当角度大于 90°时，我们可以先减去一个 90°的角来实现）。他以为自己得到了一个完美的三等分角的尺规作图法，但其实是一个不错的近似方法。后来美国蒙塔纳州的一位程序员罗伊作了一些简化。我们介绍如下：

如图 2.2，我们将三等分 $\overset{\frown}{AB}$。这里 O 是 $\overset{\frown}{AB}$ 所在圆的圆心，A 和 B 是圆周上的两个点，满足 $\overset{\frown}{AB} < 90°$。$\angle AOB$ 的平分线交 $\overset{\frown}{AB}$ 于点 C。分别过点 A 和 B 作 OC 的平行线交同一个圆周得点 D 和 E。延长线段 CO 与 DE 相交得点 F。再延长 OC 到点 H，使得 $|HC| = |CF|$。现在以 F 为圆心，以 $|HF|$ 为半径作大圆。延长 DA 交大圆于点 G，同时延长 EB 交大圆于点 I。那么 OG 和 OI 与

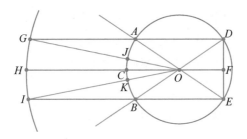

图 2.2　罗伊的近似三等分角示意图

小圆的交点 J 和 K 就将 $\overset{\frown}{AB}$ 近似三等分。这个作图法非常好。还是以 60°角为例，$\angle KOJ=20.022\ 6°$，另外两个角则满足 $\angle BOK=\angle JOA=19.988\ 7°$。我们看到这两个结果都与 20°非常接近。

1.2　倍立方体的近似尺规作图

倍立方体问题最早是柏拉图给欧多克斯、阿尔库塔斯和梅内赫莫斯提出的。当时提出时，柏拉图没有给出一个严格的问题描述。有一种说法是这些人用了一些工具作出来了。这迫使柏拉图明确地提出必须用"纯几何"的方法。另一种说法是他们给出的解答过于抽象而不具实际用途。还有一个相关的神话故事，关于这个问题，我们在《数学都知道 2》第五章里介绍过，这里不再叙述。

倍立方体的尺规作图不可能性的证明是旺泽尔在 1837 年证明三等分角问题之不可能性时一起得到的。如果我们愿意减弱限制条件，那么这个问题也有解。比如，二刻尺、折纸、直角尺以及借助蔓叶线(Cissoid of Diocles)、蚌线(Conchoid)和费隆线(Philo line)等方法。在本书第十一章"二刻尺作图的古往今来"一章中，我们也介绍了倍立方体问题的二刻尺和折纸作图。在这里最值得一提的是阿尔库塔斯在公元前 4 世纪给出的在三维空间中的作图。他在那个时候就有了用曲线作旋转体的思想。

　　尽管这个问题有很深的历史渊源和有趣的神话故事为依托，尺规近似作图的例子却不多。这很可能是因为这些作图法都比较简单，不值得大数学家们下笔吧。我们选择 1872 年发表在《伦敦皇家学会会报》上的一个作图法。

　　如图 2.3，设 AB 为正方体的一条棱。我们将利用尺规作出一个线段使得以它为棱的正方体的体积 V_1 近似于以 AB 为棱的正方体体积的二倍。过点 B 作 AB 的垂线 BK。另作 AB 的中点 C。以 C 为圆心，以 BC 的长为半径作圆弧，同时以 B 为圆心，以 BC 的长为半径作圆

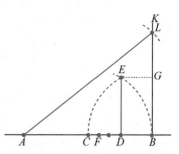

图 2.3　《伦敦皇家学会会报》上的近似作图法

弧。两个圆弧交于点 E。过点 E 作 AB 的垂线交 AB 于点 D。现在将 CD 三等分得点 F。以 E 为圆心，以 BF 的长为半径作圆弧交 BK 于 L。连接 AL。那么以 AL 为棱长的正方体的体积 V_2 就近似等于二倍的以 AB 为边的正方体的体积 V_1。具体地，以 $|AB|=3$ 为例，我们容易算得 $2V_1=54$，且

$$|BL|=|BG|+|GL|=\sin 60° \times |CB|+$$

$$\sqrt{|BF|^2-|BD|^2}=\frac{\sqrt{3}}{2} \times \frac{3}{2}+1,$$

$$|AL|=\sqrt{|AB|^2+|BL|^2}=\sqrt{9+(0.75 \times \sqrt{3}+1)^2}$$

$$\approx 3.779\,626\,464\,53,$$

$$V_2=|AL|^3 \approx 53.994\,141\,909\,6。$$

　　1921 年，《科学美国人》月刊发表过另一个作图法。2016 年，一位德国人在维基百科上发布了一个非常棒的作图法。按照此人

的方法，如果给定边长为十亿千米（光也要走 55.6 分钟！），那么体积加倍后的边长误差仅为 0.2 mm，体积的误差为 0.8 dm³（大约 1 L）。

1.3 化圆为方的近似尺规作图

如果能够利用尺规化圆为方，那么必然能够从单位长度出发，用尺规作出长度为 π 的线段。化圆为方的尺规作图之不可能性的证明晚于三等分角和倍立方体，它是由德国数学家林德曼在 1882 年证明的。魏尔斯特拉斯在 1885 年推广了林德曼的结果。他们的结果被称为"林德曼-魏尔斯特拉斯定理"。

与三等分角和倍立方体问题不同的是，化圆为方不能用二刻尺和折纸方法实现。在欧美国家甚至用化圆为方来比喻做不可能的事情。但借助其他工具化圆为方还是可行的，比如借助希比阿斯的割圆曲线（quadratrix of Hippias）、阿基米德螺线（Archimedean spiral）等。

由于化圆为方与计算圆周率相关，早在古巴比伦时期人们就开始尝试用方形的面积来计算圆的面积。这个问题可以被看作化圆为方问题的雏形。古埃及的"莱因德数学纸草书"（Rhind Mathematical Papyrus）上就有圆面积为 $\frac{64}{81}d^2$ 的公式，其中 d 为圆的直径。如果我们用 π 的近似值来表示的话，这就是 $\pi = \frac{64}{81} \times 2^2 \approx 3.160\,5$。阿基米德证明了圆面积公式 $A = \pi r^2$，其中 r 是圆的半径，π 的值在 $3\,\frac{1}{7}$ 和 $3\,\frac{10}{71}$ 之间。

第一位对化圆为方表达兴趣的古希腊人是安那萨哥拉斯，但我们没有更详细的记载。希波克拉底研究了月牙面积问题，希望由此解决化圆为方问题。正式提出化圆为方问题的是恩诺皮德斯。但是直到 1667 年才有苏格兰数学家格列高里开始试图证明这个问题是不可解的。二百多年后，这个问题才被德国数学家林德曼最终解决。他证明了化圆为方和化方为圆都是不可能的。

在认识到化圆为方是不可能的之后，人们开始尝试用直尺和圆规来构造出近似等于 π 的线段来。1913 年，英国数学家霍布森给出了一个方法，近似到了小数点后四位（误差为 4.8×10^{-5}）。同年，印度著名数学家拉马努金给出了一个构造分数 $\frac{355}{113}$ 的方法（如图 2.4），从而将近似度提高到了小数点后六位（$\frac{355}{113}=3.141\,592\,920\,353\cdots$）。

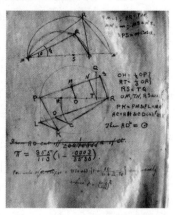

图 **2.4**　拉马努金笔记/维基百科

1914 年，拉马努金又发现了一个作图法能计算

$$\left(9^2+\frac{19^2}{22}\right)^{\frac{1}{4}}=\sqrt[4]{\frac{2\,143}{22}}=3.141\,592\,652\,582\,641\,252\cdots$$

这个结果将近似值提高到小数点后八位。这方面还有新西兰裔美国数学家奥尔兹、美国著名数学科普大师加德纳以及英国数学家和图形艺术家迪克森等。我们下面就介绍拉马努金的作法。

在介绍拉马努金的作图方法之前，让我们先介绍一个构造几何平均的作图方法。如图 2.5，给定两个正实数 l_1 和 l_2，设有线段 AB，其长度为 l_1+l_2。又假定在 AB 上有一点 M，使 MA 长度为 l_1，MB 长度为 l_2。在 AB 上作中点 O，以 O 为圆心，AO 为半

径作圆弧。过点 M 作 AB 的垂线 ME 交圆弧于点 E。令 $l_g = |ME|$，则 $l_g = \sqrt{l_1 l_2}$，即 l_g 是 l_1 和 l_2 的几何平均。

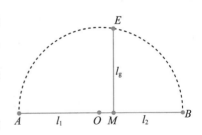

图 2.5　构造几何平均

现在我们可以介绍拉马努金的方法了。

如图 2.6，AB 为圆 O 的直径。点 C 二等分 $\overparen{ACB}$。点 T 三等分线段 AO，$|AT| = \dfrac{1}{3}|AO|$。连接 BC，并在 BC 连线上作点 M 和点 N 使得 CM 和 MN 的长度都与线段 AT 的长度相等，即 $|CM| = |MN| = |AT|$。

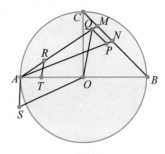

图 2.6　拉马努金的作图方法

连接 AM，同时连接 AN。在线段 AN 上取点 P 使得 $|AP| = |AM|$。过点 P 作线段 MN 的平行线并交线段 AM 于点 Q。连接 OQ 并过点 T 作 OQ 的平行线 TR 交 AQ 于 R。过点 A 作 TR 的平行线 AS 使得 $|AS| = |AR|$，连接 OS。拉马努金的构造到此为止。他声称线段 OS 和线段 OB 的几何平均大约等于圆周长的六分之一（如图 2.7）。

我们下面将继续作出一个正方形，它的面积将近似于圆的面积。

先以 O 为圆心，以 $|OS|$ 为半径作圆弧，交 BA 的延长线于 S'（图中的 b_1）。于是有 $|OS'| = |OS|$ 并且 S'，O 和 B 在同一条直线上。现在我们要作出 $|OS'|$ 和 $|OB|$ 的几何平均。为此，取 S' 和 B 的中点 D。以 D 为圆心，以 $|DB|$ 为半径作上半个圆

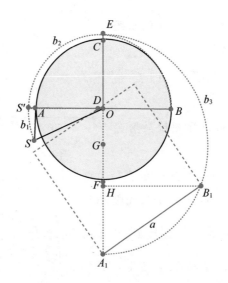

图 2.7 拉马努金的作图方法

弧 $\overset{\frown}{S'B}$（图中的 b_2）。它与 OC 的延长线交于点 E。于是，$|OE|$ 就是 $|OS'|$ 和 $|OB|$ 的几何平均，即

$$|OE| = \sqrt{|OS'| \cdot |OB|} = \sqrt{|OS| \cdot |OB|}。$$

从点 O 出发向下延长 EO，得点 F 和点 A_1，满足 $|OF| = |FA_1| = |EO|$。于是 $|EA_1| = 3|OE|$。取 EA_1 的中点 G。以 G 为圆心，以 $|EG|$ 为半径作圆弧 $\overset{\frown}{EA_1}$（图中的 b_3）。

从点 A_1 出发在 EA_1 上取点 H，使得 $|A_1H| = |OB|$。再从 H 作 EA_1 的垂线交 b_3 于点 B_1。连接 A_1B_1。记 $a = |A_1B_1|$。于是 a 是 $|EA_1|$ 和 $|HA_1|$ 的几何平均数，即

$$a = \sqrt{|EA_1| \cdot |HA_1|} = \sqrt{3|OE| \cdot |OB|}。$$

从 A_1B_1 出发很容易作出一个正方形，其面积为

$$a^2 = 3|OE| \cdot |OB|。$$

如果我们假定一开始的以 O 为圆心、以 $|AB|$ 为直径的圆的半

径为 1 的话，那么 $a^2 = 3|OE|$。拉马努金计算得到

$$a^2 = 3|OE| = \left(9^2 + \frac{19^2}{22}\right)^{\frac{1}{4}} = \sqrt[4]{\frac{2\,143}{22}} = 3.141\ 592\ 652\ 582\ 641\ 252\cdots$$

这是一个什么概念的近似呢？拉马努金说："当直径为 8 000 英里①长时，误差小于十二分之一英寸②。"这大约就是 2.1 cm。大师的思路是很精彩的。

我们在本书第七章"几何的颜色"中还要介绍一个例子。

历史上有许多数学猜想，有些是正确的，有些是错误的。建议能读到本书的读者都不要尝试那些存在数百年的猜想，更不要尝试推翻数学家们已经证明是错误的猜想。曾经有一位叫汤姆斯·百特的英国人就因为试图证明画圆为方而入选维基百科，成为少有的以负面经历而入选的例子。当然，对于一些存在时间不长的猜想，有能力、有勇气的读者也可以去试一试。

顺便介绍一个由波兰裔美国数学家塔斯基提出的奇妙的问题。首先，让我们回忆，我们可以将一个三角形剪裁一下然后拼接成一个正方形（如图 2.8）。这个变形是美国业余数学家亨利·杜德耐设计的"杜德耐铰链解剖"（Dudeney's hinged dissections）。

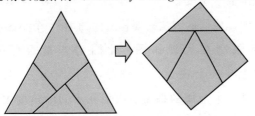

图 **2.8**　将三角形裁接成正方形的方法

---

① 英制。1 英里 $\approx 1.609\ 3$ km。
② 英制。1 英寸 $\approx 0.025\ 4$ m。

有一款"多边形七巧板"（如图 2.9）挺有意思。

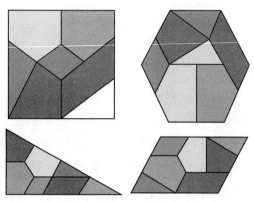

图 **2.9**　多边形七巧板

　　假如我们不考虑尺规作图的限制，有没有可能把纸上的一个圆剪成有限块，然后拼接成一个面积相同的正方形？这个操作似乎是不可能的，因为我们如何去掉那些圆盘的弯曲的边呢？但是有一位匈牙利数学家拉茨科维奇·米克洛什证明了理论上这是可以做到的。他估计他的划分大概要分成 10^{50} 个小区域。但是米克洛什的证明不是构造性的；他的证明依靠了选择公理。2017年，两位美国数学家安德鲁·马克斯和斯宾塞·昂格给出了一个构造性的证明，他们的方法需要构造大约 10^{200} 个小区域。

　　如果不限制在尺规作图，化圆为方是否可能？在 troika.uk.com 上有一个视觉透视作品："化圆为方"（Squaring the Circle）。它是一个金属的框架。人们在不同的角度去看，它呈现出不同的形状。特别地，在某个角度去看，它是正方形，而在另一个角度去看，它就成了圆。

2. 尺规作图的实际应用与艺术尝试

让我们先来看一个工业上的应用。1969 年 7 月 16 日，三位美国宇航局（NASA）宇航员乘坐阿波罗飞船飞往月球，其中两位宇航员尼尔·阿姆斯特朗和巴兹·奥尔德创造了人类的壮举：他们第一次登上了月球。让我们来看一看阿波罗 11 号的载人舱，因为 NASA 的猎户座飞船的载人舱与阿波罗 11 号的载人舱是同样的设计，只是按比例放大了。我们可以看到，这个图片由一个大圆弧、两个小圆弧和三条直线组成（如图 2.10）。

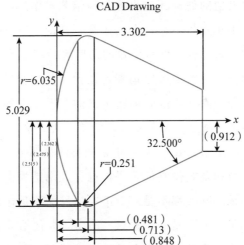

图 **2.10**　猎户座飞船的载人舱的剖面图/NASA

在商业应用方面，成功的例子有很多。最著名的应该是苹果公司的商标了。每一位读者都知道，那是一个有一个缺口的苹果。但不太为人所知的是，它是由圆和黄金比例呈现出来的（如图 2.11）。

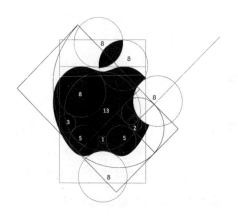

图 2.11　苹果的商标体现了圆与黄金比例的结合/苹果公司

　　苹果公司最初的商标其实更像是一幅艺术作品：牛顿坐在大树下，一个苹果正在掉下来；上面还有一首诗。那样的商标确实达到了独特性和表意性，但从商业的角度看并不完美。1977 年年初，还在车库里的乔布斯决定请专业设计人员重新设计，以便把一个简洁明了的新商标镶嵌到即将推出的苹果 II 电脑上。这个任务落在了詹诺夫的身上。乔布斯提出的要求很简单："不要可爱的那种"（don't make it cute）。商标中最独特的是那个缺口。有人说这代表的是亚当和夏娃偷吃的苹果，也有人说是为了纪念图灵咬了一口的毒苹果。其实都不是。詹诺夫的目的就是让人们可以认出那是一个苹果，而不是一个樱桃。事实上，他给乔布斯交出的是两个版本：一个有缺口，一个没缺口。而乔布斯果断地选择了带缺口的一个。从图 2.11，我们看到的是一些圆和黄金螺线（事实上是近似螺线，见本书第十章"黄金分割、白银分割、塑胶分割及其他"）。詹诺夫是徒手绘制的这个商标。正因此，它的曲线都不是完美的。有人因此说，这个商标与数学无关。而恰恰相反，这正说明了数学的威力。艺术家在不自觉中下意识地追从了数学的规律。另有社交平台的商标更是由 15 个圆弧构成。我们不赘述。

另外,尺规作图也能给人们带来艺术的享受。委内瑞拉艺术家拉斐尔·阿劳霍花费了四十年的时间创作了大量的尺规作图的美丽图案。他的作品被收集在《黄金分割上色书》(Golden Ratio Coloring Book)里。我们将在本书第十章"黄金分割、白银分割、塑胶分割及其他"里详细介绍跟黄金分割有关的知识。

在互联网上看到这样一张图(如图 2.12):

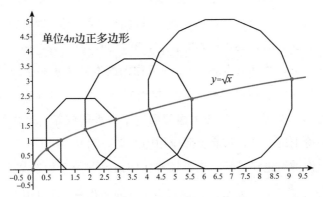

图 **2.12** 一组单位 $4n$ 边正多边形/Diegorattaggi

请问如何做出来?我们将在本书第四章"《几何小吃》的简约美"更详细地介绍美国社交网站上的有趣的数学问题。

题 单墫给出了一个尺规作图题目:已知点 A,B,及直线 l,长为 a 的线段。求点 P,它在直线 l 上,并且 $PA+PB=2a$。单墫的题目涉及初等数学的所有领域。在本书下一章"关于循环和不等式与循环积不等式"里还有两道单墫的题目。

3. 结束语

我们在本章中讨论了尺规作图的两个方面：近似尺规作图和尺规作图的应用。

在近似作图中，除了以上三大不可能尺规作图问题外，还有很多几何图形不能用尺规作出。最著名的是正七边形。它是正多边形中第一个不能由尺规实现的平面几何图形。以下的 n 代表着不能由尺规作出的正多边形的边数：

7，9，11，13，14，18，19，21，22，23，25，26，27，

28，29，31，33，35，36，37，38，39，41，42，…

事实上，总共只有 31 个已知可作图的奇数边正多边形。有些正多边形即使能用尺规作出也是相当复杂。1900 年前后，有人作出了正 65 537 边形，他的手稿装满一个大大的皮箱。这样的作法只有理论上的意义，没有实际应用的意义。

上面的讨论还显示，很多尺规作图最终归结于构造某个实数。倍立方体等同于尺规作 $\sqrt[3]{2}$，化圆为方等同于作 π。可以用尺规作图方式作出的实数称为"规矩数"（又称可造数）。而尺规作图的不可能性则归结于构造某个实数的不可能性。旺泽尔就是证明了，如果能够三等分任意角度，那么就能作出不属于规矩数的长度，从而反证出通过尺规三等分任意角是不可能的。

于是，对实数中的非规矩数如何近似就是一个现实的课题了。莫海亮在他的《圆之吻：有趣的尺规作图》中介绍了正五、七、九、十一、十九边形的近似作图。对这本独具特色的书，我们推荐天津刘瑞祥写的一篇书评。 Q 我们认为，即使对于不能用尺规实现的几何图形，尝试它们的近似作图也是一种挑战。我们希望通过

本章引起对尺规作图有兴趣的读者的注意。

在应用方面,我们看到的 NASA 载人舱的例子只是计算机辅助设计(CAD)中的一个例子,而苹果商标也只是商标中的一个例子。苹果的商标也可以按尺规作图作出来。说到艺术,六年级的学生也可以作出美丽的图形。鼓励学生用尺规创作出美丽的图形是一个重要的手段。很多人终身受益,到老还在继续创作(如图 2.13)。

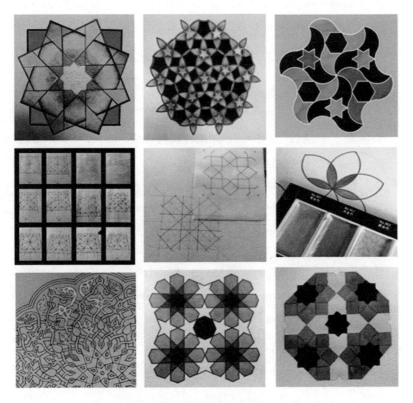

图 **2.13** 社交网上一群数学与艺术爱好者的作品

人们对完美情有独钟,但是有的时候近似也是一种美。

参考文献

1. Terry Tao. A geometric proof of the impossibility of angle trisection by straightedge and compass. https：//terrytao. wordpress. com/2011/08/10/ a-geometric-proof-of-the-impossibility-of-angle-trisection-by-straightedge-and-compass.

2. Ramanujan S A. Modular Equations and Approximations to π[J]. Quarterly Journal of Mathematics，1914，45：350-372.

3. 蒋迅，王淑红. 数学都知道 2[M]. 北京：北京师范大学出版社，2016：73-75.

4. 莫海亮. 圆之吻：有趣的尺规作图[M]. 北京：电子工业出版社，2016：181-186.

5. 刘瑞祥. 有趣的"圆之吻"，有趣的尺规作图. https：//mp. weixin. qq. com/s/JFR4mfRQl9pgFVISkW_Pyw.

6. 李文林. 数学史概论（第三版）[M]. 北京：高等教育出版社，2011：40-44.

7. 单墫教授手稿：尺规作图一题. https： // mp. weixin. qq. com/s/ 04gkcuolqPy7jd2 _ o-e-Xg.

8. Hughes G H. The Polygons of Albrecht Dürer-1525，arXiv：1205. 0080.

9. Laczkovich M. Equidecomposability and discrepancy；a solution of Tarski's circle-squaring problem[J]. Journal für die reine und angewandte Mathematik，1990，404(1)：77-117.

10. Pierce P，etc. The Circle-Squaring Problem Decomposed. Math Horizons，2009，(11)：33.

11. 大卫·里奇森. 不可能的几何挑战：数学求索两千年[M]. 姜喆，译. 北京：人民邮电出版社，2021.

第三章 关于循环和不等式与循环积不等式

不等式无处不在。我们每天都会作各种比较，作优化的选择。所以在数学里，不等式是一个重要的和难度很高的课题。它的难度在于解题方法没有一定之规。不同类型的不等式需要用不同的方法来解决，甚至同一类不等式里也有五花八门的解法。

1. 循环和及循环积的定义

让我们来看一类特殊的不等式及相应的解决方法。

谈到不等式，有两个著名的不等式是我们都非常熟悉的：一个是算术－几何平均不等式，另一个是柯西－施瓦茨不等式（Cauchy-Schwarz inequality）。给定 n 个非负实数 a_1，a_2，$\cdots$，a_n，我们有

$$\frac{a_1+a_2+\cdots+a_n}{n} \geqslant \sqrt[n]{a_1 a_2 \cdots a_n} \tag{1}$$

给定 $2n$ 个实数 a_1，a_2，$\cdots$，a_n 和 b_1，b_2，$\cdots$，b_n，我们有

$$(a_1^2+a_2^2+\cdots+a_n^2)(b_1^2+b_2^2+\cdots+b_n^2) \geqslant (a_1 b_1+a_2 b_2+\cdots+a_n b_n)^2 \text{。} \tag{2}$$

如果用求和符号 $\sum$ 和求积符号 $\prod$ 来表达的话，那么它们分别可以写成

$$\frac{1}{n}\sum_{i=1}^{n} a_i \geqslant \sqrt[n]{\prod_{i=1}^{n} a_i} \tag{3}$$

和

$$\left(\sum_{i=1}^{n} a_i^2\right)\left(\sum_{i=1}^{n} b_i^2\right) \geqslant \left(\sum_{i=1}^{n} a_i b_i\right)^2 。 \tag{4}$$

这两个不等式都有一个共性，那就是在求和以及求积时每个单项具有循环性。所以我们可以用 $\sum$ 和 $\prod$ 来简化。我们还可以用另一种方式来表达，即明确地指出：求和的循环是对每一个单项循环求和，求积的循环是对每一个单项循环求积。

定义 1　考虑函数 $f(a_1, a_2, \cdots, a_n)$。循环和 $\sum\limits_{\text{cyc}} f(a_1, a_2, \cdots, a_n)$ 是指下列表达式

$$f(a_1, a_2, a_3, \cdots, a_n) + f(a_2, a_3, a_4, \cdots, a_n, a_1) + \cdots + $$
$$f(a_n, a_1, a_2, \cdots, a_{n-1}) 。$$

类似地，循环积 $\prod\limits_{\text{cyc}} f(a_1, a_2, \cdots, a_n)$ 是指下列表达式

$$f(a_1, a_2, a_3, \cdots, a_n) \cdot f(a_2, a_3, a_4, \cdots, a_n, a_1) \cdot \cdots \cdot $$
$$f(a_n, a_1, a_2, \cdots, a_{n-1}) 。$$

其中"cyc"是英文"cyclic"的缩写，意为"循环的"。

按照这个定义，算术－几何平均不等式和柯西－施瓦茨不等式也可以记作

$$\frac{1}{n} \sum_{\text{cyc}} a_i \geqslant \sqrt[n]{\prod_{\text{cyc}} a_i} \tag{5}$$

和

$$\left(\sum_{\text{cyc}} a_i^2\right)\left(\sum_{\text{cyc}} b_i^2\right) \geqslant \left(\sum_{\text{cyc}} a_i b_i\right)^2 。 \tag{6}$$

甚至可以简化成

$$\frac{1}{n} \sum_{\text{cyc}} a \geqslant \sqrt[n]{\prod_{\text{cyc}} a} \tag{7}$$

和

$$\left(\sum_{\text{cyc}} a^2\right)\left(\sum_{\text{cyc}} b^2\right) \geqslant \left(\sum_{\text{cyc}} ab\right)^2 。 \tag{8}$$

2. 循环和及循环积若干例

引入循环和及循环积的概念后，我们可以讨论更为广泛的不等式。这类不等式表达简洁，而且在奥数竞赛中经常出现。让我们来看几个例子。限于篇幅，我们只考虑 $n=3$ 的情形，并给定三个实数 a，b 和 c。我们将限制到上述两个经典不等式的应用上，顺便介绍一些国外的数学竞赛和网站。下面所有的例子均取自亚历山大·波哥莫尼博士建立的网站"Cut the Knot"。需要链接的读者可以在《数学通报》2018 年第 2 期中找到。这个网站内容极其丰富，我们特向数学爱好者和数学教师强烈推荐。我们把证明中的关键技巧用蓝色突出，这样便于读者体会。

例 1　（2017 年加拿大奥数）设 a，b 和 c 非负并两两不同，则

$$\left(\frac{a}{b-c}\right)^2 + \left(\frac{b}{c-a}\right)^2 + \left(\frac{c}{a-b}\right)^2 > 2 。$$

说明　加拿大奥数（Canadian Mathematical Olympiad，CMO）由加拿大数学会组织举办，是加拿大最高等级的数学竞赛，也是筛选代表加拿大参加国际奥数竞赛成员的重要一环。自 1979 年以来，每次 5 题，每题 7 分，一共 3 小时。在 CMO 的网站上有以往考题和解答。这道题是 2017 年的第 1 题。它显然是一道循环和不等式题目。它表达简洁、漂亮，又不失难度。下面的证明方法由印度裔美国人阿米特·伊塔吉提供。读者可以在 CMO 的网页上找到官方解答。注意这个不等式可以写成

$$\sum_{\text{cyc}} \left(\frac{a}{b-c}\right)^2 > 2 。$$

证明　注意循环性质，我们可以假定 $a>b>c$. 令 $x=a-b$，$y=b-c$，则 $x>0$，$y>0$。由算术—几何平均不等式，我们有

$$\left(\frac{a}{b-c}\right)^2+\left(\frac{b}{c-a}\right)^2+\left(\frac{c}{a-b}\right)^2=\left(\frac{c+x+y}{y}\right)^2+\left(\frac{c+y}{x+y}\right)^2+\left(\frac{c}{x}\right)^2$$

$$\geqslant\left(\frac{x+y}{y}\right)^2+\left(\frac{y}{x+y}\right)^2>2\sqrt{\left(\frac{x+y}{y}\right)^2\left(\frac{y}{x+y}\right)^2}=2。$$

其中的严格不等式是由于 $\dfrac{x+y}{y}\neq\dfrac{y}{x+y}$。■

例 2　（《罗马尼亚数学杂志》）设 $a>0$，$b>0$，$c>0$，则

$$\sqrt{\frac{a}{b+c}}+\sqrt{\frac{b}{c+a}}+\sqrt{\frac{c}{a+b}}\geqslant 2。$$

说明　罗马尼亚是一个数学竞赛的强国。据说"罗马尼亚大师赛"难度超过国际奥数。在波哥莫尼的网站上有许多来自罗马尼亚的题目。这道题目选自《罗马尼亚数学杂志》（*Romanian Mathematical Magazine*）。其实这是一本完全由数学题征解构成的杂志，面向全世界中学生和大学生。题目由世界各地的数学爱好者提供。下述证明由罗马尼亚人玛丽安·丁卡给出。我们看到，这个证明利用算术—几何平均不等式把本来不同的分母变成了相同的分母，从而化简了循环和。这个技巧很有用，因为循环不等式里经常出现分式。注意这个不等式只是一个弱不等式。它可以强化成

$$\sum_{\text{cyc}}\sqrt{\frac{a}{b+c}}\geqslant\frac{3\sqrt{2}}{2}$$ 而且等式只有在 $a=b=c$ 时成立。

证明　这个不等式可以用循环不等式来表示。让我们用这种表达形式来给予证明。事实上，由算术—几何平均不等式，我们有

$$\sum_{\text{cyc}}\sqrt{\frac{a}{b+c}}=\sum_{\text{cyc}}\sqrt{\frac{a^2}{a(b+c)}}=\sum_{\text{cyc}}\frac{a}{\sqrt{a(b+c)}}$$

$$\geqslant \sum_{\mathrm{cyc}} \frac{a}{\dfrac{a+b+c}{2}} = \sum_{\mathrm{cyc}} \frac{2a}{a+b+c} = 2。\qquad \blacksquare$$

例 3 （1967 年国际奥数备选试题）若 $a>0$，$b>0$，$c>0$，则

$$\frac{1}{a}+\frac{1}{b}+\frac{1}{c} \leqslant \frac{a^8+b^8+c^8}{a^3b^3c^3}。$$

说明 这道题目是国际奥数（IMO）在 1967 年的备选题，由波兰提供。从这道题，我们可以清楚地看到，具有简约之美的题目受人喜爱。2016 年国际奥数备选题中也有一道是（带限制条件的）循环和与循环积的不等式[1]。国际奥数委员会在每一届竞赛过后都会公布备选题及解答。这些试题可以在其官网上找到。

证明 记

$$f = \frac{a^8+b^8+c^8}{a^3b^3c^3} - \left(\frac{1}{a}+\frac{1}{b}+\frac{1}{c}\right)$$

$$= \frac{a^8+b^8+c^8-a^3b^3c^2-a^3b^2c^3-a^2b^3c^3}{a^3b^3c^3},$$

再记

$$g = a^8+b^8+c^8-a^3b^3c^2-a^3b^2c^3-a^2b^3c^3。$$

则只须证明 $g\geqslant0$。类似于例 1 我们看到，由于循环对称性，我们可以假定 $a\geqslant b\geqslant c$。令 $b=c+\varepsilon$，$a=c+\delta+\varepsilon$，其中 $\varepsilon\geqslant0$，$\delta\geqslant0$。将 b 和 c 的上述两个表达式代入 g 并展开，然后合并同类项。我们将发现所有的含负号的项都被消去。细节从略。

例 4 （1997 年国际城市数学竞赛高中组）若 $a>0$，$b>0$，$c>0$，则

---

① Bogomolny A. Problem From the 2016 IMO Shortlist（from Interactive Mathematics Miscellany and Puzzles）. http：//www. cut-the-knot. org/m/Algebra/Problem From 2016 IMO Shortlist. shtml.

$$\sum_{\text{cyc}} \frac{a^3}{a^2 + ab + b^2} \geqslant \frac{a+b+c}{3}。$$

说明　城市数学竞赛(Tournament of the Towns)始于 1980 年，原只有苏联的三个城市莫斯科、基辅及里加市参加，现已成为国际比赛，由俄罗斯科学院主办，有上百个城市、数十万名学生参加。

证明　应用算术－几何平均不等式，我们有

$$\sum_{\text{cyc}} \frac{a^3}{a^2 + ab + b^2} = \sum_{\text{cyc}} \left(a - \frac{ab(a+b)}{a^2 + ab + b^2}\right) = \sum_{\text{cyc}} \left(a - \frac{a+b}{\frac{a}{b} + 1 + \frac{b}{a}}\right)$$

$$\geqslant \sum_{\text{cyc}} \left(a - \frac{a+b}{3}\right) = (a+b+c) - \frac{2}{3}(a+b+c) = \frac{a+b+c}{3}。$$

注意最后的循环和变成了简单的代数表达式。这也是此类不等式证明中的常用技巧。∎

例5　(校园奥数)若 $a>0$，$b>0$，$c>0$，则

$$\sum_{\text{cyc}} \frac{ab}{ab + b^2 + ca} \leqslant 1。$$

说明　"校园奥数"(Olimpiada pe Scoala)是脸书(facebook)上的一个数学群，里面聚集着众多的数学爱好者。这个解答由其成员迭戈·阿尔瓦里兹提供。

证明　由柯西－施瓦茨不等式我们有

$$\sum_{\text{cyc}} \frac{ab}{ab + b^2 + ca} = \sum_{\text{cyc}} \frac{ab\left(\frac{a}{b} + 1 + \frac{c}{a}\right)}{(ab + b^2 + ca)\left(\frac{a}{b} + 1 + \frac{c}{a}\right)}$$

$$\leqslant \sum_{\text{cyc}} \frac{a^2 + ab + bc}{(a+b+c)^2} = \frac{(a+b+c)^2}{(a+b+c)^2} = 1。 ∎$$

例6　(《罗马尼亚数学杂志》)若 $a>0$，$b>0$，$c>0$，则

$$4\sum_{\text{cyc}}(a^2+b^2)c+4abc\sum_{\text{cyc}}\frac{ab}{(a+b)^2}\geqslant 27abc。$$

说明   我们在前面已经介绍过《罗马尼亚数学杂志》。这道题目在波哥莫尼的网站上有误。正确的题目在这里

http：//www. ssmrmh. ro/wp-content/uploads/2017/01/1515-31. jpg，

它的解是由罗马尼亚人米哈尔恰·安德烈·斯特凡给出的。

证明   将不等式两边同除以abc，我们得到一个等价的不等式

$$4\sum_{\text{cyc}}\left(\frac{a}{b}+\frac{b}{a}\right)+4\sum_{\text{cyc}}\frac{1}{\dfrac{a}{b}+\dfrac{b}{a}+2}\geqslant 27。$$

记$\delta=\dfrac{a}{b}+\dfrac{b}{a}$，则我们只需证明

$$4\delta+\frac{4}{\delta+2}\geqslant 9\ \text{即}\ 4\delta^2-\delta-14=(\delta-2)(4\delta+7)\geqslant 0。$$

由算术－几何平均不等式，我们知道$\delta\geqslant 2$. 问题得证。

我们看到，这个证明其实是把一个循环不等式分解成了三个独立的不等式。有文献称这种方法为局部化。这种方法在循环不等式中不常见，但我们也不能完全忽略它。■

例7   （一个国际合作的循环不等式）若$a>0$，$b>0$，$c>0$，则

$$\frac{(a+b)(b+c)(c+a)}{2}\geqslant abc+\frac{(ab+bc+ca)^2}{a+b+c}。$$

说明   这个问题是由尼日利亚大学工程系硕士生乌切·埃里泽·奥克克提供给波哥莫尼的。后者在他的网站上提供了来自多国的五个解答。我们这里选用的是越南人阮洪越给出的证明。所以我们把这个不等式叫作一个国际合作的循环不等式。说到这位

越南人，这里还有他的一个不等式①：设 $a>0$，$b>0$，$c>0$，则

$$\sum_{cyc}\frac{1}{a+5b}\geqslant\sum_{cyc}\frac{1}{a+2b+3c}。$$

他声称这是一个经典的不等式，波哥莫尼赞其"纯粹的优雅"，但它似乎并不为大众所知。

证明　首先，我们用算术－几何平均不等式三次得到

$$(a+b)(b+c)(c+a)\geqslant(2\sqrt{ab})(2\sqrt{bc})(2\sqrt{ca})=8\sqrt{a^2b^2c^2}=8abc。$$

如果我们能够证明

$$\frac{(ab+bc+ca)^2}{a+b+c}\leqslant\frac{3}{8}(a+b)(b+c)(c+a)，$$

那么，

$$\frac{(ab+bc+ca)^2}{a+b+c}\leqslant\frac{1}{2}(a+b)(b+c)(c+a)-\frac{1}{8}(a+b)(b+c)(c+a)$$

$$\leqslant\frac{1}{2}(a+b)(b+c)(c+a)-abc。$$

注意到

$$(a+b+c)^2\geqslant3(ab+bc+ca)，$$

$$8(a+b+c)(ab+bc+ca)\leqslant9(a+b)(b+c)(c+a)，$$

我们得到

$$\frac{(ab+bc+ca)^2}{a+b+c}=\frac{(a+b+c)(ab+bc+ca)^2}{(a+b+c)^2}$$

$$\leqslant\frac{(a+b+c)(ab+bc+ca)}{3}\leqslant\frac{3}{8}(a+b)(b+c)(c+a)。\blacksquare$$

---

① Bogomolny A. Hung Viet's Inequality IV（from Interactive Mathematics Miscellany and Puzzles）. https：// www. cut-the-knot. org/arithmetic/algebra/HungVietInequality4. shtml.

例 8　（一个带限制条件的循环不等式）若 $a>0$，$b>0$，$c>0$ 并设 $a+b+c=1$，则

$$\left(1+\frac{1}{a}\right)\left(1+\frac{1}{b}\right)\left(1+\frac{1}{c}\right)\geqslant 64。$$

说明　带限制条件的循环不等式有很多。这类问题在极值优化方面有广泛应用。我们仅举这一个例子。这道题是由罗马尼亚数学会的里奥·朱久克发表在 Cut the Knot Math 脸书群里的，给出了六个解答。这里的解答是由罗马尼亚人玛丽安·库肯斯作出的。

证明　这个不等式等价于 $(a+1)(b+1)(c+1)\geqslant 64abc$。将 1 换成 $a+b+c$，我们又得到一个等价的不等式

$$\prod_{\text{cyc}}(2a+b+c)\geqslant 64abc。$$

再由算术-几何平均不等式，我们有局部不等式

$$2a+b+c\geqslant 4\sqrt[4]{a^2bc}，$$

$$a+2b+c\geqslant 4\sqrt[4]{ab^2c}$$

和

$$a+b+2c\geqslant 4\sqrt[4]{abc^2}。$$

上面三个不等式相乘给出最后的结论。∎

例 9　（双三组数的循环不等式）给定 a，b，c，x，y，$z\in\mathbf{R}$，$xyz\neq 0$，则

$$(a^2+b^2+c^2)\left(\frac{1}{x^2}+\frac{1}{y^2}+\frac{1}{z^2}\right)+\frac{2(ab+bc+ca)(x+y+z)}{xyz}\geqslant 0。$$

说明　本题最早发在《罗马尼亚数学杂志》上，后来由罗马尼亚人丹·西塔鲁转发到 Cut the Knot Math 脸书群里。这个解答由印度人拉维·普拉卡什提供。本题看似复杂，但其实做起来只用

到一些代数运算。在给出证明之前，我们为那些可能有些失望的读者提供一个带限制条件的双三组数的循环不等式①。设 a，b，c，x，y，z 均为正数，且 $(ab+bc+ca)(xy+yz+zx)=1$，则

$$(a+b+c)(x+y+z)-\sqrt{(a^2+b^2+c^2)(x^2+y^2+z^2)}\geqslant 2。$$

证明　对题目中不等式的左边展开再做完全平方，我们有

$$(a^2+b^2+c^2)\left(\frac{1}{x^2}+\frac{1}{y^2}+\frac{1}{z^2}\right)+\frac{2(ab+bc+ca)(x+y+z)}{xyz}=$$

$$\frac{a^2}{x^2}+\frac{b^2}{y^2}+\frac{c^2}{z^2}+\frac{2ab}{xy}+\frac{2bc}{yz}+\frac{2ca}{zx}+\frac{a^2}{y^2}+\frac{b^2}{z^2}+\frac{c^2}{x^2}+\frac{2ab}{yz}+\frac{2bc}{zx}+\frac{2ca}{xy}+$$

$$\frac{a^2}{z^2}+\frac{b^2}{x^2}+\frac{c^2}{y^2}+\frac{2ab}{zx}+\frac{2bc}{xy}+\frac{2ca}{yz}=\left(\frac{a}{x}+\frac{b}{y}+\frac{c}{z}\right)^2+$$

$$\left(\frac{a}{y}+\frac{b}{z}+\frac{c}{x}\right)^2+\left(\frac{a}{z}+\frac{b}{x}+\frac{c}{y}\right)^2\geqslant 0。\blacksquare$$

例 10　（《美国数学月刊》第 11 867 题）设 $a>0$，$b>0$，$c>0$，令 $f(a,b,c)=\left(\dfrac{a^2}{a^2-ab+b^2}\right)^{\frac{1}{4}}$，则

$$f(a,b,c)+f(b,c,a)+f(c,a,b)\leqslant 3。$$

说明　《美国数学月刊》是美国数学协会发行的一个面向大学生的刊物，每年 10 期。它每期都有一个问题征解栏目，特别受读者欢迎。这道题由希腊人乔治·阿波斯托洛普洛斯提供，罗马尼亚数学会的里奥·朱久克提供了解答。

引理 1　对于 $x\geqslant 0$，有不等式

---

①　Bogomolny A. A Cyclic Inequality with Constraint in Two Triples of Variables (from Interactive Mathematics Miscellany and Puzzles). https：//www. cut-the-knot. org/m/Algebra/BelJad. shtml.

$$\frac{1}{1-x+x^2} \leqslant \frac{4}{(x+1)^2} \, 。$$

引理 2 若 $a>0$，$b>0$，$c>0$，则

$$9abc \leqslant (a+b+c)(ab+bc+ca) \, 。$$

我们省略两个引理的证明。

证明 令 $x=\dfrac{a}{b}$，则由引理 1 可知

$$\left(\frac{a^2}{a^2-ab+b^2}\right)^{\frac{1}{4}} \leqslant \sqrt[4]{\frac{4a^2}{(a+b)^2}} = \sqrt{\frac{2a}{a+b}} \, 。$$

类似地

$$\left(\frac{b^2}{b^2-bc+c^2}\right)^{\frac{1}{4}} \leqslant \sqrt{\frac{2b}{b+c}} \, 。$$

$$\left(\frac{c^2}{c^2-ca+a^2}\right)^{\frac{1}{4}} \leqslant \sqrt{\frac{2c}{c+a}} \, 。$$

所以我们只需要证明

$$\sqrt{\frac{2a}{a+b}} + \sqrt{\frac{2b}{b+c}} + \sqrt{\frac{2c}{c+a}} \leqslant 3 \, 。$$

注意到

$$\sqrt{\frac{2a}{a+b}} = \sqrt{\frac{2a}{(a+b)(c+a)}} \sqrt{c+a} \, ,$$

$$\sqrt{\frac{2b}{b+c}} = \sqrt{\frac{2b}{(b+c)(a+b)}} \sqrt{a+b} \, ,$$

$$\sqrt{\frac{2c}{c+a}} = \sqrt{\frac{2c}{(c+a)(b+c)}} \sqrt{b+c} \, ,$$

我们可以用柯西-施瓦茨不等式得到

$$\sum_{\text{cyc}} \sqrt{\frac{2a}{(a+b)(c+a)}} \sqrt{c+a} \leqslant \sqrt{\sum_{\text{cyc}} \frac{2a}{(a+b)(c+a)} \sum_{\text{cyc}} (a+b)}$$

$$= \sqrt{\frac{8(a+b+c)(ab+bc+ca)}{(a+b)(b+c)(c+a)}}。$$

再由引理 2,

$$8(a+b+c)(ab+bc+ca)\leqslant 9\left[(a+b+c)(ab+bc+ca)-abc\right]$$

$$=9(a+b)(b+c)(c+a)。$$

于是,$\sqrt{\dfrac{8(a+b+c)(ab+bc+ca)}{(a+b)(b+c)(c+a)}}\leqslant 3。$ ■

目前在中文文献中,循环不等式多被称为"轮换不等式"。按照这个关键词,应该可以搜寻到一些很有用的文章。我们在这里介绍著名奥数教练单墫的两个例子。

中国著名奥数教练单墫勤于笔耕,精辟短文源源不断,发表在"单谈数学"微信公众号上。他有一个特点:所有文章都是自己动笔写在格子纸上。下面的图片就是单墫的一篇短文"抱歉了,只能打零分"(如图 3.1)。

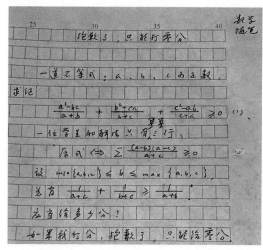

图 3.1   一道零分不等式/单墫

显然这是一个循环和不等式：

$$\frac{a^2-bc}{a+b}+\frac{b^2-ca}{b+c}+\frac{c^2-ab}{c+a}\geqslant 0。$$

单墫有一套书《单墫老师教你学数学》。

题 请读者看看上面的证明并说明为什么单墫认为这个证明只能得零分，然后给一个正确的证明。

再看一道题，是单墫在短文"一个实验"中给出的：设 a，b，c 为 $\triangle ABC$ 的三边，求证

$$2ab+2bc+2ca>a^2+b^2+c^2。$$

这道题有十多种解法，单墫自己喜欢的就有四个。题 请读者阅读这篇短文，并选出自己最喜欢的解法。再结合他的另一篇短文"点评更重要"认真体会他所提出的"我并不赞成一题多解"和"点评更重要"的观点。另外，"一题多解"也不是一点道理都没有。美国麻省理工学院人工智能实验室的创始人之一明斯基曾经说过："你不会真地理解任何东西，除非你学习了不止一种方法。"

题 下面是在互联网上的一道题：找出所有的自然数，满足 $a>b>c$，且

$$\frac{1}{a}+\frac{2}{b}+\frac{3}{c}=1。$$

应该指出，即使是轮换不等式，它的证明方法也是千变万化的。解不等式的能力代表着一个人的分析能力。韦东奕在中学就表现出极强的解代数问题的能力（分析能力）。他后来选择了偏微分方程就充分发挥了他的分析能力。冷岗松在"韦东奕的妙解"中就有一道保加利亚国家队选拔试题：

题 设 a_1，a_2，$\cdots$，a_n，b_1，b_2，$\cdots$，b_n 是实数，c_1，

c_2，…，c_n 是正实数。求证

$$\left(\sum_{i,\,j=1}^{n}\frac{a_i a_j}{c_i+c_j}\right)\left(\sum_{i,\,j=1}^{n}\frac{b_i b_j}{c_i+c_j}\right)\geqslant\left(\sum_{i,\,j=1}^{n}\frac{a_i b_j}{c_i+c_j}\right)^2.$$

据冷岗松说，韦东奕思考了几分钟后只说："只须说明左边的项均是非负的便可。"

本章通过对一些实例的讨论介绍了循环和不等式与循环积不等式。这些例子的证明显示了在这类不等式中常用的技巧，比如循环对称的性质及积和互化。

3. 夏皮罗循环不等式及循环不等式的最新研究

上一节的例子都是具体的有三个实数的循环不等式。现在让我们看一个有 n 个实数的不等式。对给定的一组正实数 $\{x_1,\,x_2,\,x_3,\,\cdots,\,x_n\}$，令

$$L_n=\frac{x_1}{x_2}+\frac{x_2}{x_3}+\cdots+\frac{x_{n-1}}{x_n},\quad C_n=\frac{x_1}{x_2}+\frac{x_2}{x_3}+\cdots+\frac{x_{n-1}}{x_n}+\frac{x_n}{x_1}.$$

显然，C_n 比 L_n 多了最后一项。于是 C_n 的求和项就真的循环了。而这个额外的循环项就使得 C_n 满足更完美的不等式。居住在意大利的物理学家斯坦尼斯拉夫·西科拉证明了

$$L_n\geqslant(n-1)\left(\frac{a_1}{a_n}\right)^{\frac{1}{n-1}},\quad C_n\geqslant n.$$

上面关于 L_n 的不等式可以用归纳法证明，而关于 C_n 的不等式是前一个不等式的一个推论。

循环不等式至今仍然是一个研究课题。最著名的循环不等式应该是夏皮罗循环不等式（Shapiro's cyclic inequality）。假定在下式中，所有的分母都是正实数，所有的分子都是非负实数。定义

$$S_n = \frac{x_1}{x_2+x_3} + \frac{x_2}{x_3+x_4} + \cdots + \frac{x_{n-1}}{x_n+x_1} + \frac{x_n}{x_1+x_2}.$$

将它与 C_n 对比，我们可以猜测到 $S_n \geqslant \dfrac{n}{2}$。事实上，瑞典数学家哈罗德·夏皮罗在 1954 年提出的就是这个猜想。夏皮罗的主要研究领域是逼近论、复变函数、泛函分析和偏微分方程。他最著名的贡献是夏皮罗多项式

$$P_1(x) = 1+x,$$

$$P_2(x) = 1+x+x^2-x^3,$$

$$P_3(x) = 1+x+x^2-x^3+x^4+x^5-x^6+x^7,$$

$$\cdots$$

在信号处理领域里，夏皮罗多项式具有良好的自相关特性，并且它们在单位圆上的值很小。回到不等式上，夏皮罗循环不等式猜想看似是铁板钉钉的事情，但答案却让人意外。1993 年，有人证明了它对小于或等于 13 的偶数及小于或等于 23 的奇数成立。而对大于 14 的偶数 n 及大于 24 的奇数 n 来说，存在着使得 $S_n < \dfrac{n}{2}$ 的数组 $\{x_1, x_2, x_3, \cdots, x_n\}$。最为奇特的是，这里的结果对于奇数及偶数是不同的。基于夏皮罗循环不等式变形的循环不等式也有很多。我们在参考文献里列出了一些近来的论文，不在此详述。

4. 纪念波哥莫尼博士

结束本章之前，我们有必要介绍一下波哥莫尼博士，因为本章内容主要取材于他的网站"Cut the Knot"，而他在我们准备本书

期间不幸逝世。波哥莫尼是出生在苏联的犹太人。他从小就表现出数学天赋。在小学五年级就开始参加奥数比赛。但他在苏联的经历特别不顺利。比如他的大学入学考试中仅数学一科就持续了 5 小时。他以其过硬的本领赢得了双 5 分：数学笔试和口试均为 5 分。最终他以一名优秀学生的身份免试物理和俄语进入莫斯科国立大学。1971 年，他从莫斯科国立大学获得硕士学位。从 1971 年到 1974 年，他在莫斯科数电学院任职。1974 年他移民以色列，在基内雷特湖研究实验室当程序员。1977 年，他转到以色列内盖夫本－古里安大学任软件顾问。后来他转到以色列耶路撒冷希伯来大学任高级讲师和研究员。同期，他从希伯来大学获得了数学博士学位。毕业后，他到美国俄亥俄州立大学访问并在 1984 年得到了美国爱荷华大学的教授职位。在这期间，他患了耳疾，不得不离开他心爱的数学教育领域。从 1987 年到 1991 年，他在一家计算机公司负责软件开发。

正是由于波哥莫尼对数学、对教育的热爱以及他在软件开发方面的丰富经验而成就了他建立起来的网站"Cut the Knot"（如图 3.2）。1996 年 10 月，他建立这个网站。那个时候互联网才刚刚开始。波哥莫尼敏锐地发现，这是一个可以让他的知识、热情和技术完美结合的方向。我们不得不佩服他的眼光。试想谷歌、雅虎等网

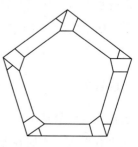

图 **3.2** https：//www.cut-the-knot.org

络公司都还不存在的时候，他本来也许可以发大财的，但他只关心在线数学教育。从此以后，他以一己之力为这个网站贡献了五千五百多个网页。他最后一次更新是在 2018 年 7 月 6 日。而他在

2018 年 7 月 7 日突然去世。可以说是生命不息，战斗不止。

"Cut the Knot"是他给这个网站起的名字。它来自一个古希腊的神话故事。戈尔狄乌斯之结（Gordian Knot）是亚历山大大帝在弗里吉亚首都戈尔迪乌姆时的传说故事。一般作为使用非常规方法解决不可解问题的隐喻。据说这个结在绳结外面没有绳头。亚历山大大帝来到弗里吉亚见到这个绳结之后，拿出剑将其劈为两半，解开了这个绳结。该网站的对象是教师、学生和家长，是为了激起人们对数学的好奇心而设计的。许多数学理念做成了 applet 程序演示。在他去世后，他的好友小爱德华·佩格接管了这个网站，但还未有重大的改变。

显然，波哥莫尼相信他为广大数学爱好者们提供了一把解决数学问题的剑。我们相信他也确实做到了这一点。

由于网站中大量使用了 Java 插件，而这项技术已经被所有的浏览器放弃，许多动态的网页都不再能用。佩格计划使用 WolframMathematica 语言来代替，但这项计划可能不会在短期内发生。同时其他一些数学网站发展起来，把读者吸引过去。但我们仍然发现这个网站很有用。

有一些中文的关于不等式的文章很优秀，我们将它们列入参考文献。

参考文献

1. 哈代，李特尔伍德，波利亚. 不等式[M]. 北京：人民邮电出版社，2020.

2. 单墫教授手稿：抱歉了，只能打零分. https：// mp. weixin. qq. com/s/ bZG-DKsB6Ba5JZPdlRc7kw .

3. 单墫教授手稿：一个实验. https：//mathtango. blogspot. com/2014/03/ alexander-bogomolny-cut-knot. html.

4. AlexanderBogomolny. Cut The Knot. https：// mathtango. blogspot. com/ 2014/03/alexander-bogomolny-cut-knot. html .

5. Frenkel E. Mathematics，Love，and Tattoos. 2012. arXiv：1211. 3704v1.

6. Czarnecki A，Kiciński G. On a cyclic inequality with exponents and permutations，and its Shapiro-type analogue. arXiv：2004. 08882v1，2020.

7. Czarnecki A，Kiciński G. On a cyclic inequality with exponents and permutations，and its Shapiro-type analogues. arXiv：2004. 08882，2021.

8. Sýkora S. Inequalities involving linear and cyclic sums of ratios，http：// www. ebyte. it/library/docs/math07/LinCyclneq. html.

9. Yamagami S. Cyclic Inequalities，Proceedings of the AMS，1993，118 (6)：2.

10. Bagdasar O. The extension of a cyclic inequality to the symmetric form，Journal of Inequal ities in Pure and Applied Mathematics，2008.

11. Tuan N M. On an Extension of Shapiro's Cyclic Inequality. Journal of Inequalities and Applications，2009，Article number：491576 (2009).

12. Troesch B A. The Validity of Shapiro's Cyclic Inequality. Mathematis of Computation，1989，53(188)：657-664.

第四章 《几何小吃》的简约美

英国哈德斯菲尔德大学的一位数学教师培训师爱德华·索撒尔和一位法国中学数学教师文森特·潘塔罗尼合作出了一本书《几何小吃》(*Geometry Snack*，图 4.1)。作者把数学问题制作成一看就懂、并让读者立即产生跃跃一试的智力题。这些题目里没有复杂的概念，甚至都不需要多少描述。但是当你真正开始动手去做的时候，你又发现其实它并不那么简单。而当你得到了最后的结果时，你会有一种成就感。这样的数学问题具有的是简约之美。在我们看来，简约之美是大多数人喜欢数学的原动力。

图 **4.1** 《几何小吃》封面/索撒尔、潘塔罗尼

1. 简约的例题

我们没有读过这本书，但我们是索撒尔的粉丝。除了培训以

外，他还是一位具有 14 年教龄的中学数学教师并有自己的数学网站。从这本书的介绍来看，他书中的几类几何题都在网络上发布过。现用他公布的一些例子来体验他的教书理念[①]。

例 1 如图 4.2。求阴影部分的面积。

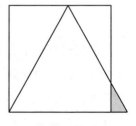

这道题的描述不多，看到图片后一目了然。现在有一个正方形和一个几乎嵌入里面的等边三角形。当然这个三角形不可能嵌入正方形里面。于是问题出来了：有多少面积露在了外面？

图 **4.2** 例 1

这道题公布以后，网友们各显神通（如图 4.3）。有人用 desmos 给出了答案；还有人用 Javascript 写了一段程序，用计算概率的方法给出了一个近似值。更多的人则是老老实实地用手计算。

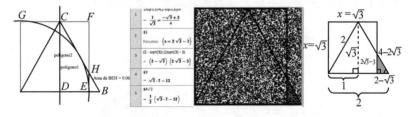

图 **4.3** 例 1 的解答

这道题用到的都是平面几何里的最基本性质。答案是：$\dfrac{7\sqrt{3}-12}{2}$，题读者可以自行验证。

例 2 如图 4.4，给两个单位圆，求正三角形的面积。

作者仍然省去了精确的题目表述。这就像是在咖啡店里要一

① 本节图片均取自推特．

份甜甜圈一样，你不会说要一个圆环形的外径为多少厘米的甜甜圈。从图 4.4 我们知道两个圆相切，并上下叠摞在三角形的（垂直）中线上。上面的一个单位圆则与正三角形在两个点上相切。试想一下，把这些条件都叙述出来的话，题目就显得过于累赘。

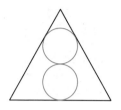

图 4.4 例 2

解这道题的第一步是在两圆切点处做切线（如图 4.5），于是得到上面与一个单位圆相切的正三角形。可以发现，这个正三角形的高是 3，从而大的正三角形的高为 5。最后的面积为 $\dfrac{5^2}{\sqrt{3}}$。也有人求助于 desmos，用解析几何的方法来完成。

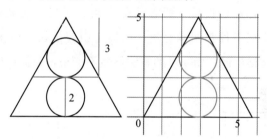

图 4.5 例 2 的解答

例 3 如图 4.6，求阴影的面积。

我们把这道题的完整描述和解答留给读者。注意这道题目（以及许多题目）都可以推广。比如，我们可以有下面的一些变形（如图 4.7）。

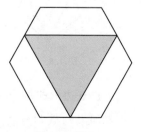

图 4.6 例 3

Q 看完这些推广之后，请读者自己回想一下，刚才在读前两个例子的时候，你有没有想到推广一下呢？

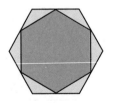 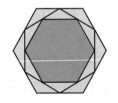 

图 4.7　例 3 的推广

如果没有的话，那么现在再回过头去想一下，你会如何推广？

例 4　如图 4.8，求角度（假定正则性）。

所谓正则性，是指具有等边和等内角的多边形，简称正多边形。这里我们有三个正五边形和一个正方形。索撒尔喜欢在正则图形上做文章。他有时候干脆说，你看着是正方形的话，它就是正方形；你看着是直角，那它就是直角。当然在正式的考试中，我们还是要把条件都明确写出，以避免引起争议。但在平时练习时，不需这样严谨。图 4.9 的解法虽然不严格，但挺奇妙的。

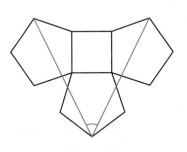 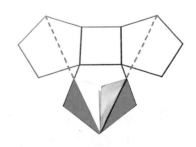

图 4.8　例 4　　　　　　　图 4.9　例 4 的解答

正五边形的每个顶点是 108°。所求之角是它的一半，即 54°。欧美国家的数学竞赛中，几何题目常常是这种计算角度、长度、面积等问题。如果你有捷径可走，未尝不可呢？当然竞赛过后，题你还是应该把完整的解答补上。

例 5 如图 4.10，一个直角三角形和三个等边三角形。求两角之和。

粉丝们这次用了 GeoGebra。他们发现，其实这个直角的条件是多余的（如图 4.10）。答案是 180°。 [Q] 这道题并不在《几何小吃》这本书中，但书中的第 16 题可以帮助读者给出严格的证明。

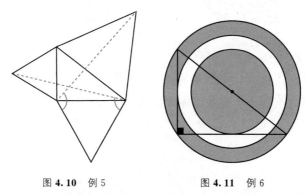

图 4.10 例 5   图 4.11 例 6

例 6 在图 4.11 中，证明两个阴影部分面积相等。

在《几何小吃》里也有几何证明题。这道题非常类似于中国课本中的证明题。证明可以用切割线定理来做，也有粉丝用 GeoGebra 给出证明。我们把细节忽略。

例 7 证明图 4.12 中两个四边形面积相等。

从图形看，我们有一个正七边形。中间水平的一条连线上被上面的四边形的一个顶点分成了相等的两段。其实这最后的条件是故意用来迷惑读者的。这道题的证明思路都在图 4.13 中。它是粉丝在 GeoGebra 上制作的一个证明。

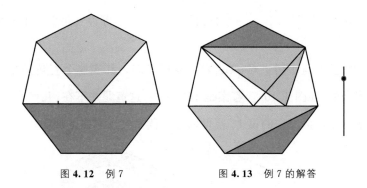

图 **4.12** 例 7　　　　　　图 **4.13**　例 7 的解答

例 8　三个正七边形如图 4.14 连接。如果连接它们的顶点，这里面隐含有若干个直角。你能把它们找出来吗？

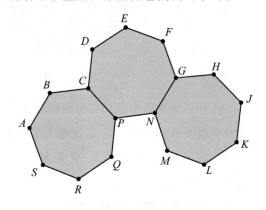

图 **4.14**　例 8

在我们看到的索撒尔题目中，这道题的叙述是最烦琐的了。《几何小吃》这本书里的题目复杂程度不过如此。这道题的答案在图 4.15 中。我们好奇，中学生能观察到多少直角？另外，这个题目里给出的是三个正七边形。Q 那么对其他正多边形我们能得到多少直角？如果有四个正七边形结果又会如何？你看，题中有题。如果这道题放到《几何小吃》里，一定不会就事论事。

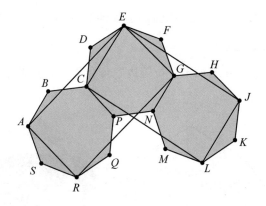

图 **4.15** 例 8 的解答

题 在图 4.16 的几道题中，我们把问题和条件全部略去。大家一定都知道该做什么了。这四道题代表了《几何小吃》中的四类题型。

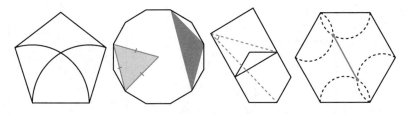

图 **4.16** 《几何小吃》中的四类题型

现在，《几何小吃》中传播的这类简约几何题已经在欧美普及起来。我们在社交网上经常可以看到这类题目。我们也希望这样的题型在中国传播开。

在结束本节之前，我们再给出几个索撒尔新发布的小吃：

题 把两个边长分别为 3，4，5 的直角三角形放在 AB 直线上。一个六边形是正六边形。问蓝色区域的面积（图 4.17）。

题 如图 4.18，A 和 B 间的短弧线长度为 5 cm。请问整个蓝色区域的面积是多少？

题 图 4.19 中有两个单位等边三角形和一个单位正方形。请问蓝色的夹角是多少？

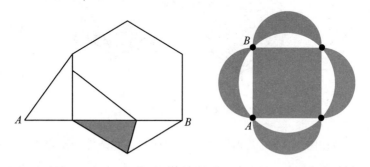

图 4.17　两个边长分别为 3，4，5 的直角三角形　　图 4.18　窗花图

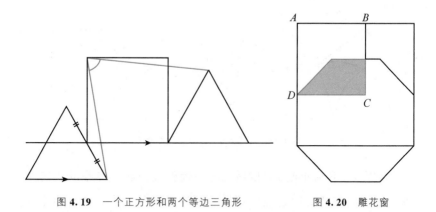

图 4.19　一个正方形和两个等边三角形　　图 4.20　雕花窗

题 请问图 4.20 中蓝色部分占整个面积的百分比是多少？

题 两个单位正方形分别贴在一个等边三角形上（图 4.21）。请问该等边三角形的高是多少？

题 在图 4.22 中，一个等边三角形被两个直角三角形夹在中间。请问是这两个直角三角形的面积和大还是等边三角形的面积大？

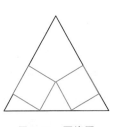

图 4.21　两旗图

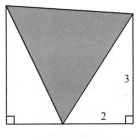

图 4.22　倒立图

2. 日本的算额

《几何小吃》中还有一个内容是日本的算额（Sangaku，如图4.23，古尾谷八幡神社的算额①）。

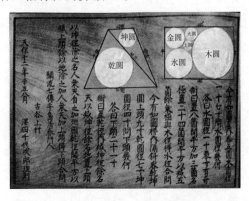

图 4.23　古尾谷八幡神社的算额

想象一下，当你游玩于庙宇楼阁之间时你会看到什么？你一

① 来源 https：//tamtom.blog44.fc2.com/blog-entry-406.html.

定会看到门前的匾或者是梁上的画。中国古代在这方面是下了很大功夫的。颐和园里的长廊就是这个艺术成就的典范，它是中国人的骄傲。

日本也有很多庙宇楼阁，也有门匾和梁画。但其内容却有些不同。日本留传下来一种特殊文化——"算额"。图 4.23 就是一个神社里的算额。我们可以看到上面有两道数学题。左边的问题说的是：等腰梯形被一条对角线分成两个三角形，每个三角形中有一个内切圆，大的叫乾圆，小的叫坤圆。乾圆的直径 7 寸①，坤圆的直径 4 寸，上底的长为 9 寸，求下底的长。右边的问题是在一个矩形中内接五个圆：金、木、水、火、土。木圆的直径为 17 寸，求水圆的直径。可以看到，算额很像我们上面讨论的"小吃"题。

算额是 17 世纪至 19 世纪日本人画在神社和庙宇的木梁上的几何问题和定理，既服务于宗教也服务于公共娱乐。"算额"二字中，"算"当然是计算、数学的意思；至于"额"，指的就是木制的书板。日本的算额绘画揭示数学的神圣一面。江户时代（1603－1867）的日本人信仰虔诚，他们会设计各种式样的匾额到邻近的寺庙或神社酬神，如果是把数学问题和答案用汉字书写在板上，这种还愿的书板就叫作算额。奉纳算额的意义有三种：一是感谢神佛的恩赐；二是表示对和算教师的尊崇；三是展示研究的成果。这是因为神社和寺庙是当时人们交流的一个最佳场所。从数学研究的角度看，算额就像是数学家把自己的研究成果在庙宇里公开宣示，而不是发表在杂志上。在这段时期里，西方已经出现了像牛顿那样的伟大数学家，而日本（还有中国）则独立封闭地发展自己的数

---

① 旧制。1 m＝30 寸。

学。不过，日本人比中国人多走了"算额"这一步。这一步直到明治维新后西方科学文化的大量涌入，算额才逐渐转变为一种纯粹的传统和风俗。到现在，大约有九百个算额流传于世。

徐泽林在《数学与人文》第 7 辑（魅力数学）中发表了一篇"日本神社的数学：算额的故事"。推荐有兴趣的读者阅读。

下面再来看一个算额 — 栃木县足利市鑁阿寺的关流算额：

这个算额属于关流学派。这个学派的开山鼻祖是关孝和。他是日本江户时代的数学家，被日本人称为"算圣"。我们看图 4.24 中右边第二图。从图中我们无法看出这个题目的意思，大概是求四个正方形的面积吧。潘塔罗尼制作了一个动图（如图 4.25），我们可以看到这四个正方形连续变化后的情况。

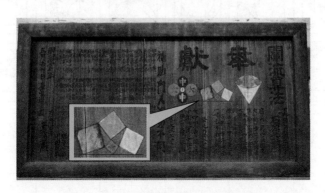

图 **4.24** 栃木县足利市鑁阿寺的关流算额

图 **4.25** 关流算额图二的连续变化动图

这个算额是明治 17 年（1884 年）制作的。更多的图片可以见《几何小吃》。

在欧美，人们把算额称作"日本寺庙几何问题"(Japanese Temple Geometry Problem)。我们在参考文献中给出一些链接，希望读者可以看到。

日本的科技一直走在前面，日本人获得诺贝尔奖的数量就很说明问题。从"算额"这件事情上是否能看出一点门道来呢？

题 挪威数学教师汉克·瑞灵提供了一个算额的小游戏：在图4.26 的上边有 12 个单位长的小格子，每个格子里有一个几何图形，下边是那些几何图形的面积，但顺序不一致。要求人们将图形与面积配对。

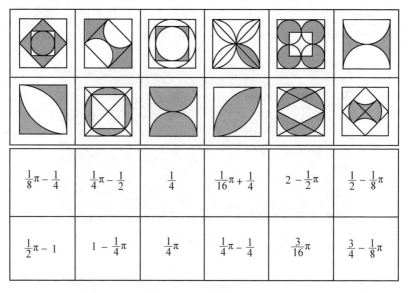

图 4.26   将图形与面积配对/瑞灵

3. 更多的几何小吃

读过《数学都知道 1》的读者一定还记得那个"笨笨数学漫画"的

作者本·奥林。几年后，他已经出了《笨笨的数学漫画》(*Math with Bad Drawings*)，而且他打破常规，居然画起了正经八本的图片来。准确地说，这些图片不是他自己的作品，而是一个叫卡特里奥娜·希尔的英国剑桥数学教师创作的。奥林对希尔的几何题目特别喜欢，在自己的博客里插播了很多希尔的图片，而且给每一个图片都起了名字。题 让我们看几幅这样的图片（如图4.27）。喜欢这些图片的读者可以去奥林网站获得更多的图片。

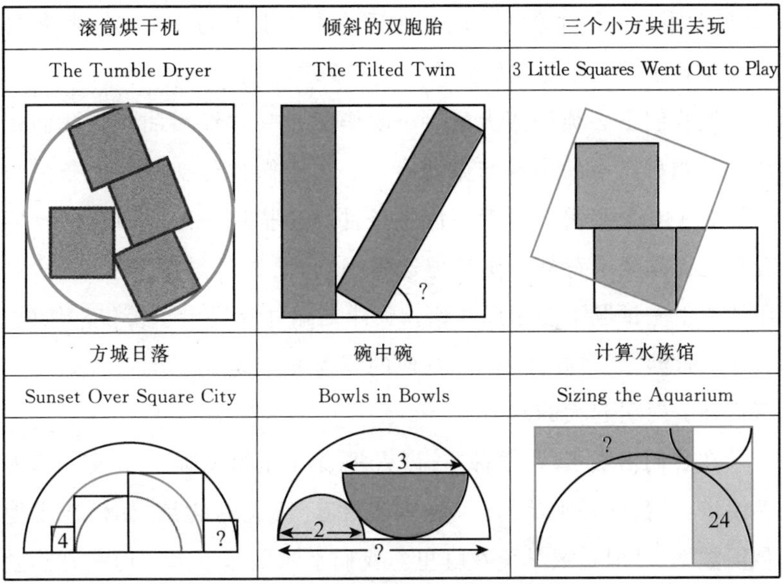

滚筒烘干机	倾斜的双胞胎	三个小方块出去玩
The Tumble Dryer	The Tilted Twin	3 Little Squares Went Out to Play
方城日落	碗中碗	计算水族馆
Sunset Over Square City	Bowls in Bowls	Sizing the Aquarium

图 4.27 希尔的几何小吃/希尔

在成功发行《几何小吃》后，索撒尔和潘塔罗尼又发行了《更多的几何小吃》(*More Geometry Snacks*)。两本书都值得喜欢几何学的读者持有。

4. 结束语

我们相信《几何小吃》是一本不错的书。正如上面的这些题一样，作者试图通过每一道题来揭示一个奇妙的现象。很多题目都有多种解法，有些连身经百战的老师们都不曾想到。于是当你解决了一个问题后又得到了惊喜和挑战。然而这样的题目又显得那么简单易懂，因而容易让哪怕最没有自信的学生都能说上几句，课堂就成了一个讨论的空间。在讨论中，学生们发现，这些题目其实是棘手的。于是他们需要一起来解决问题。

但我们也必须提醒大家，小吃毕竟是一种饭后甜点。我们猜测这种题目风格的出现与微博有关。由于微博最初限制每条微博只能有 140 个字符，作者不能把条件完全描述一遍。而且网友们互动也无须要求苛刻。作者把这本书归为"数学趣题"的书。所以跟课堂上考试题不能相提并论。天津刘瑞祥就提出了警告。他说，（数学考题）"题目要严密"。对他的观点我们是同意的，否则会在考后评分时引起大的麻烦。

在我们出版了《数学都知道》丛书（第 1 至第 3 册）后，有一篇书评说道："数学是唯美的。《数学都知道》所表达的是'如何艺术地传播数学'。"但是数学美在哪里？我们平时做题不多，但一直热爱着数学。在数学的社交网络里，我们特别欣赏那些简单的题目和那些奇妙的解法，更欣赏那些能带来超值的讨论。这大概就是数学之美吧。

参考文献

1. Southall E，Pantaloni V. Geometry Snack，Tarquin Group，2017.

2. Southall E，Pantaloni V. More Geometry Snacks：Bite Size Problems and How to Solve Them，Tarquin Group，2018.

3. 徐泽林. 日本神社数学：算额的故事，数学与人文，第 7 辑（魅力数学），2012.

4. Mordell L J. On the Integer Solutions of $y(y+1)=x(x+1)(x+2)$，Pacific J. Math. ，1963，13(4)：1 347-1 351.

5. Ivars Peterson. Temple Circles. http：// mathtourist. blogspot. com/2020/09/temple-circles. html .

第五章　沃罗诺伊图和格奥尔基·沃罗诺伊

从某种意义上说，计算机科学是数学的一个延伸和应用。连接数学和计算机科学的方法有代数（就像我们在本书第十二章"数学归纳法与其在计算机科学中的应用"看到的）、几何等。沃罗诺伊图（Voronoi diagram）是几何应用于计算机领域的一个好例子，也是我们在本章要谈的话题。

1. 什么是沃罗诺伊图

假如平面上有两个点 A 和 B，你想划分出两个区域，一个距离 A 近一些，另一个距离 B 近一些。这里 A 和 B 可能是两个小学、两个邮局或者两个超市。这个问题不是很难。我们知道两个区域的边界是两个点连线的垂直平分线。那么如果有三个点、四个点呢？这个问题稍微复杂一点，但也不是很难。我们仍然可以通过两点连线的垂直平分线来得到（如图 5.1）。

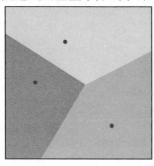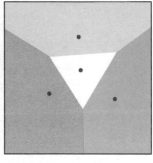

图 **5.1**　三点和四点的沃罗诺伊图

题 给定三个共线的点，画出其沃罗诺伊图。

那么有 n 个点的情况又是如何呢？这就是图 5.2 给出的情况了。

图 5.2 叫作沃罗诺伊图。这个名字来自乌克兰数学家格奥尔基·费奥多谢维奇·沃罗诺伊。

图 **5.2**　平面上的一般的沃罗诺伊图 /维基百科

2. 沃罗诺伊的生平

沃罗诺伊（如图 5.3）1868 年 4 月 28 日出生在乌克兰中北部的茹拉夫卡村（Village of Zhuravka，当时属俄罗斯帝国）。当他还在上高中的时候，他就解决了代数问题并将结果予以发表。高中毕业后，他去了俄罗斯的圣彼得堡大学，起初是本科生，但最终成为安德烈·马尔可夫的博士生。1894 年，他以题为"关于取决于三次方程根的代数整数"的硕士论文获得硕士学位。同年他成为华沙大学的教授。瓦茨瓦夫·谢尔宾斯基就是他的一名学生。1897 年，他的博士论文"关于连续分数的推广"获得通过。他的硕士论文和

博士论文都被圣彼得堡科学院授予了布尼
亚科夫斯基数学杰出工作奖（Bunyakovsky
prize）。此后他研究数论，他的工作成为
苏联数学家伊万·维诺格拉多夫研究的出
发点；他的方法还被戈弗雷·哈罗德·哈
代和李特尔伍德使用。1904 年他应邀在国
际数学家大会上作报告。

图 5.3　沃罗诺伊 /维基百科

　　当他年仅 40 岁时，沃罗诺伊患上了严
重的胆结石。他的肚子异常疼痛。他在日
记里写道："我在正研究中的问题（不定二次型）上取得了很大进
展；然而，与此同时，我的健康状况越来越差。昨天我第一次对
我正在研究的新理论中的算法有了清晰的认识，但同时也遭受了
严重的胆绞痛发作，导致我晚上无法工作，无法整夜睡觉。我好
怕我历经千辛万苦所取得的成果，会随着我一起消亡。"遗憾的是，
他于 1908 年 11 月 20 日在家乡去世。他已经写了 28 页论文，但他
的主要结果还是永久地消失了。

　　虽然他的生命是短暂的，但他留下了令人瞩目的遗产。除了
谢尔宾斯基，他还对俄国数学家鲍里斯·德劳内有重要影响。他
的儿子小沃罗诺伊成为杰出的移植外科医生，他于 1933 年进行了
世界上第一个人体对人体的肾脏移植手术。

3. 沃罗诺伊图

　　沃罗诺伊最大的贡献是沃罗诺伊图。沃罗诺伊图也被称作狄
利克雷密铺。这是因为狄利克雷在 1850 年研究二次型的时候使用
过这个思想。笛卡儿在 1644 年也非正式地使用过它。1854 年，英

国一位医生曾经使用沃罗诺伊图来说明"1854 年宽街霍乱爆发事件"中死去的人都居住在离宽街的公共水泵不远处。而沃罗诺伊则是在 1908 年第一位定义并研究了这个课题的数学家。

前面我们已经看到，沃罗诺伊图是一种以距离出发的空间分割算法。给定一个距离空间 X 和一个下标集 K，令 $(P_k)_{k \in K}$ 为 X 中的一个非空有序元组（基点的集合，称作种子、站点或生成器）。在最简单情况下，每一个 P_k 就是一个点，但我们也允许 P_k 是 X 的一个子集合。对应于点集 P_k 的沃罗诺伊原胞（Voronoi cell，也称为沃罗诺伊区域），记为 R_k，是空间 X 中到 P_k 的距离都不大于到其他点集 P_i（$i \in K$，$i \neq k$）距离的那些点，即

$$R_k = \{x \in X \mid d(x, P_k) \leqslant d(x, P_i), \ \forall i \neq k, \ i \in K\},$$

其中 $d(x, y)$ 是 X 的距离函数。那么原胞元组 $(R_k)_{k \in K}$ 就是一个沃罗诺伊图。基点集合可以是无限集合，这在几何数论和结晶学里有所应用，但通常情况下，它是一个有限的集合。在欧几里得距离空间里，假定每一个 P_k 都是一个点并且它们是有限多的。那么每一个沃罗诺伊原胞都是一个凸多胞形。但一般地，沃罗诺伊原胞不一定是凸形，甚至不一定是连通的。

注意我们对沃罗诺伊的通常印象都是在欧几里得距离空间中的。如果我们换一个距离函数，那么得到的沃罗诺伊图就完全不同了。图 5.4 是与图 5.2 中同样的引入点组条件下使用曼哈顿距离（Manhattan distance）所得到的沃罗诺伊图。

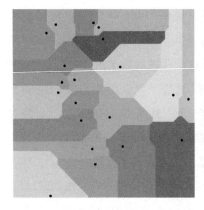 

图 5.4　以曼哈顿距离划分出的沃罗诺　　图 5.5　曼哈顿地图/谷歌地图
　　　　伊图/维基百科

　　曼哈顿距离也称为计程车几何。这是由 19 世纪的赫尔曼·闵可夫斯基定义的，用以表示两个点在标准坐标系上的绝对轴距的总和。例如在平面上，坐标(x_1, y_1)的点 P_1 与坐标(x_2, y_2)的点 P_2 的曼哈顿距离为

$$d(P_1, P_2) = |x_1 - x_2| + |y_1 - y_2|。$$

　　如果你看一下曼哈顿的地图就会明白为什么会有这样的名字了（如图 5.5）。显然在曼哈顿从一点到另一点，你不可能走直线。

　　闵可夫斯基定义了一个更一般的距离函数。对任何的 $p \geq 1$，定义

$$d(P_1, P_2) = (|x_1 - x_2|^p + |y_1 - y_2|^p)^{\frac{1}{p}}。$$

　　当 $p = 1$ 时，它就是曼哈顿距离；当 $p = 2$ 时，它就是欧几里得距离。图 5.6 是 $p = 1, 2, 4$ 时的三个沃罗诺伊图的比较。

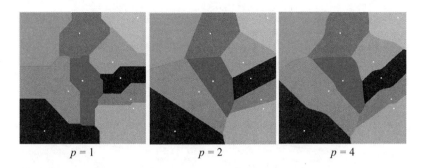

$p = 1$ $p = 2$ $p = 4$

图 5.6 在闵可夫斯基距离下的三个沃罗诺伊图①/ **Warren Weckesser**

曼哈顿距离和闵可夫斯基距离经常会被计算机系的教授用来布置作业。沃罗诺伊和闵可夫斯基的研究有交集。他们在 1904 年国际数学家大会上的交谈中发现了共同的兴趣。

沃罗诺伊图对高维也适用。

4. 德劳内三角化

一个与沃罗诺伊图相关的是在计算几何领域的一个概念：德劳内三角化。在这一节里，我们将讨论限制在平面上的欧几里得距离空间里。给定平面上的一个点集 P，P 的三角化就是以这些点为顶点作三角剖分。显然，P 可以有不同的三角剖分。比如，图 5.7 中的四个点有两种三角剖分。

在图 5.7 的两个划分中，我们应该选哪一个呢？是不是图 5.7(a) 一看上去更舒服一些呢？想象一下，我们希望能为我们所用的三角形越正规越好，也就是说，越接近等边三角形越好，尽

---

① https：// stackoverflow. com/questions/67950324/voronoi-dia-gram-in-manhattan-metric.

管我们不可能保证它们每一个都是等边三角形。至少我们可以希望三角形的三个内角中没有一个太小，否则就会出现图 5.7(b) 的那个样子。事实上，当一个三角剖分中有太小的角度时，会在计算中出现较大的误差。我们把图 5.7 中的三角形的外接圆都画出来，如图 5.8。

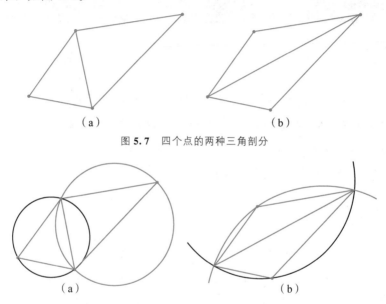

图 5.7   四个点的两种三角剖分

图 5.8   三角剖分及其外接圆

注意在图 5.8(a) 中，两个三角形的外接圆都不包含另一个点；而在图 5.8(b) 中，两个三角形的外接圆则把另一个点包括进去了。这就引出了德劳内三角剖分的定义：平面上的点集 P 的德劳内三角化是一种三角剖分 $DT(P)$，使得在 P 中没有点严格处于 $DT(P)$ 中任意一个三角形外接圆的内部。德劳内三角化的意义就是它最大化了此三角剖分中三角形的最小角。也就是说，此算法尽量避免出现"极瘦"的三角形，就像图 5.8(b) 那样。此算法命名来源于俄国数学家鲍里斯·德劳内，以纪念他自 1934 年起在此领域的工作。

说了这么多，那么德劳内三角化与沃罗诺伊图是什么关系呢？答案是：用图论的语言说，这个沃罗诺伊图的对偶是这个德劳内三角剖分。给定一个德劳内三角剖分，顶点的集合是 P。假定 P 中没有三点共线，也没有四点共圆。连接那些外接圆的圆心就产生了以 P 为种子的沃罗诺伊图。图论中的对偶概念已经超出了本章的范围。粗略地说，对偶就是把一个图的顶点变到面，把面变到点，把边变到边。图 5.9(a) 是一个德劳内三角化的例子，所有三角形外接圆的圆心以蓝点表示；连接外接圆圆心即产生沃罗诺伊图，在此以蓝线表示（如图 5.9(b)）。

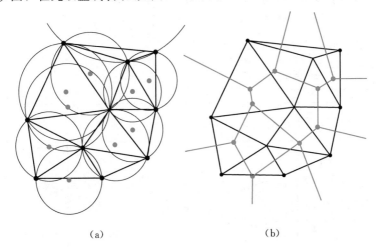

(a)   (b)

图 **5.9** 德劳内三角剖分和沃罗诺伊图

5. 沃罗诺伊图的生成

一般说来，生成沃罗诺伊图的算法有两种：一种是直接生成的算法，另一种是生成德劳内三角剖分后，再取其对偶。从计算机角度来看，从德劳内三角剖分出发更有优越性。德劳内改进算法可以保证最小的角大于 20°。这是计算几何中的课题。

Python 有一个开源的算法库和数学工具包 SciPy。其中有现成的算法可以生成沃罗诺伊图和德劳内三角剖分。我们选平面上的四个点：（0，0），（2，1），（3，2）和（1，3），在 Python3 环境下执行下面的程序：

```
import numpy as np
# Given a set of seed points
points = np. array([[0, 0], [2, 1], [3, 2], [1, 3]])

# Call Voronoi method
from scipy. spatial import Voronoi, voronoi_plot_2d
vor = Voronoi(points)

# Plot it：
import matplotlib. pyplot as plt
fig = voronoi_plot_2d(vor)
plt. show()
```

我们可以看到下面的图 5.10：

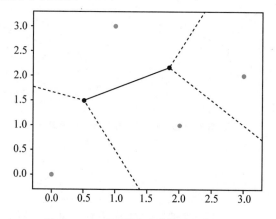

图 **5.10**   Python 程序生成的沃罗诺伊图

比较遗憾的是，SciPy 的这个 Voronoi 类只对欧几里得距离适用，很奇怪为什么没有把它自己的 scipy. spatial. cdist 用在这个类上。有人已经为它做了一个新的 Voronoi 类"voronoiz"。读者可以在 GitHub 上找到。它对 scipy. spatial. cdist 所有的距离函数适用。互联网上有一些不错的沃罗诺伊图生成器。也有不少人自己把沃罗诺伊图算法编写成程序。直接算法中最著名的是 Fortune 算法，也叫平面扫描算法。有兴趣的读者可以自己找相关读物学习。比较简单的是先作出德劳内三角剖分，然后由此作出沃罗诺伊图。我们不打算给出相应的程序，而是用尺规作图的方法作出来（如图5.11）。

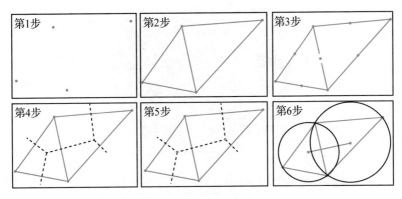

图 5.11　从德劳内三角剖分作沃罗诺伊图

第 1 步，在纸上标出一些点来。它们是生成图的种子。

第 2 步，连接这些点得到一系列的三角形。这些三角形必须满足德劳内三角化的条件。我们在前面（如图 5.7）已经解释过了。

第 3 步，在三角形的每条边上取中点。

第 4 步，过中点作这个中点所在边的垂线。这些中线不要太长。

第 5 步，延长这些垂线到三角形的外接圆的中心(三角形的外心)。

第 6 步，连接这些外接圆的中心就得到了沃罗诺伊图。

6. 沃罗诺伊图的应用

沃罗诺伊图在几何、李群、凝聚态物理学、晶体学、建筑学、地球物理学、气象学、空间分布数据分析、电脑图像、信息系统等许多领域有广泛的应用，尽管有时不是以这个名字出现的。

我们以沃罗诺伊图的例子结束本章(如图 5.12～图 5.16)。

图 **5.12**　全球机场沃罗诺伊图①/Jason Davies

①　https：//www.jasondavies.com/maps/voronoi/airports/.

图 5.13　沃罗诺伊图艺术①/Wolfram

图 5.14　自然界中的沃罗诺伊图②/F. S. Bellelli

---

①　https：//demonstrations. wolfram. com/VoronoiArt/.

②　https：//fbellelli. com/posts/2021-07-08-the-fascinating-world-of-voronoi-diagrams/.

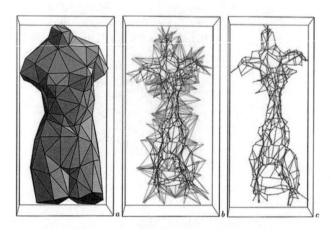

图 5.15　计算几何①

图 5.16　水立方/维基百科

_____

① 见参考文献 2。

参考文献

1. https：//mathshistory. st-andrews. ac. uk/Biographies/Voronoy/

2. Culver，Tim，John Keyser，Dinesh Manocha. Exact computation of the medial axis of a polyhedron. Computer Aided Geometric Design 21，2004，（1）：65-98.

第六章 立交桥布局中的曲线欣赏

随着高速公路建设的飞速发展，我们在日常生活中所见到的高速公路立交桥越来越多，而且式样也越来越多。立交桥是车辆汇集、分叉和转向的重要地方，其设计好坏直接影响行车速度和安全。

1922 年，法国著名的规划思想家、现代建筑运动创始人之一勒·柯布西埃出版了一本《明天的城市及其规划》(*The City of Tomorrow and its Planning*)，在城市规划研究中首先提出多层、高速的公路立体交叉的思想。高速公路上的互通式立交桥由高速公路的基本路段、立交桥、匝道(引道)、交织区、收费口、监控系统和服务设施组成了一个综合体系。

立交桥的设计不仅体现在它的科学性，而且体现在它的美观性。布局规范的立交桥会让机动车驾驶员感到有所适从和有所准备，为驾驶更添一份安全因素。本章以立交桥布局设计中的曲线之美为线索，聊聊相关的数学知识，并用 desmos 和 Wolfram Mathematica 这两个数学软件制图，为读者在以后的旅途中增加一些乐趣。

在公路运输领域里，通常使用立体化和一个或多个匝道，交汇处可实现至少在一个方向公路上的车流能通过交叉口而不直接穿过任何其他交通车流。在这里，立交桥扮演着重要的角色。最常见的四方向高速公路立交桥有苜蓿叶型、环状型、涡轮型、风车型和环岛型等，另外还有它们的一些混合型。我们来一一介绍。

由于国际上有靠右和靠左行驶两套系统，而且高速公路与铁路和市区公路也有立交，以下我们只考虑靠右行驶道路并只考虑有四个方向的高速汽车公路的立交桥设计。

1. 苜蓿叶型立交桥

最典型的立交桥是苜蓿叶型（cloverleaf interchange）。在这里"cloverleaf"，我们指的是"four-leaf clover"这种植物。苜蓿叶型也称为四叶型或幸运草型。典型的苜蓿叶型交汇有两层，这样使得所有原来需要穿越相交道路的转向都由环形匝道来实现，也就是说，让左转车辆行驶约 $270°$ 的环道后自右侧切向汇入高速公路。这四条环形匝道就

图 6.1(a)　苜蓿叶型立交桥
布局/维基百科

形成了苜蓿叶的形状（如图 6.1(a)）。苜蓿叶型的优点在于它只需要一个立交桥，也就是两层交通。因此建设经费较少。但是这样的交叉口占地面积大，路线迂回较长。更严重的是两环间的路段也容易形成交织路段，直行车辆易受转向车辆干扰，影响了高速公路的运载能力。笔者曾经遇到一位驾车的老年妇女在直行道上想上环形匝道却又无法上去结果停在了直路中间，结果躲闪不及而追尾。

这种立交桥最早是在美国新泽西州伍德布里奇镇（Woodbridge Township，New Jersey）的两条道路交叉处建设的。这也是世界上的第一座立交桥。该立交桥的平均通量为每昼夜达 62 500 辆汽车，

高峰小时交通量达 6 074 辆汽车，即每分钟大约可容许 100 辆汽车通过。苜蓿叶式在全世界各地都很多。比如南京绕城高速、玄武大道立交桥及图 6.1(b) 中的美国密歇根州的一座立交桥。

图 **6.1(b)**　美国密歇根州的一座立交桥/维基百科

　　植物学上，"clover"是三叶草。在欧美很多国家（如英国、美国）有长四片叶子的三叶草。四叶草是三叶草的稀有变种（如图 6.2(a)），据说一万至十万株三叶草中才会有一株是四叶的。欧美人认为找到四叶草是幸运的表现，日本人认为找到四叶草会得到幸福，所以它又被称为"幸运草"。人们对这四片叶子也赋予了含义。有一种说法是：第一片叶子代表希望（hope），第二片叶子表示信心（faith），第三片叶子是爱情（love），而多出来的第四片叶子则是幸运（luck）的象征。

 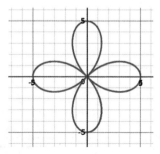 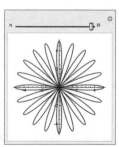

(a)四叶草/维基百科　　　　(b)四叶玫瑰线/维基百科　　　　(c) $r = 5\cos n\theta$/李想

图 **6.2**

数学上，我们把这样的曲线叫作"四叶玫瑰线"（Quadrifolium）（如图 6.2(b)）。它是由极坐标方程 $r = a\cos 2\theta$ 生成的。显然这是当 $n = 2$ 时的玫瑰线 $r = a\cos n\theta$。我们可以很容易地将"四叶玫瑰线"的极坐标方程转换成直角坐标方程（ $x^2 + y^2$ ）$^3 = 4a^2 x^2 y^3$。所以它是一个几何亏格为零的代数曲线。但如果我们需要计算它所围成的面积，那么还是采用极坐标来计算为宜

$$A = \frac{1}{2}\int_0^{2\pi} (a\sin 2\theta)^2 \mathrm{d}\theta = 4a^2 \int_0^{\frac{\pi}{4}} \sin^2 2\theta \mathrm{d}\theta = \frac{1}{2}\pi a^2 \text{。}$$

当我们考虑曲线的长度时，则需要用到第二类椭圆积分。在这里我们只给出它的近似值： $s = 9.868\ 84\cdots a$。有人说它像是中国结，这也有道理。Wolfram Mathematica 的表达式是 PolarPlot[Cos[2t], {t, 0, 2Pi}]。建议读者到 desmos 网站上去做出 $r = 5\cos n\theta$ 的图像并让 n 变动起来，看看能得到一些什么图像。用 Wolfram Mathematica 做动态模拟时，它的表达式为：

　　　　Manipulate[PolarPlot[5Cos[nt], {t, 0, 2Pi},

　　　　　　PlotRange→5], {n, 1, 10}]。

图 6.2(c)是它的效果图。

2. 环状型立交桥

　　我们要介绍的第二种立交桥是
环状型（stack interchange）。环状型
也 称 为 定 向 式（directional inter-
change）。中文的"环状"与英文的
"stack interchange"并没有直接的联
系。"stack"的意思是堆，叠加的意
思。取这个名字是因为环状型多为
数层叠加，所以将它翻译成"多级立
交"似乎更为合适。笔者更倾向于称
之为定向式，因为它让左转的车辆

图 6.3（a）　环状型立交桥
布局/维基百科

保持了左转，而不会像苜蓿叶型那样通过右转来实现左转（如图
6.3(a)）。左转和右转车辆都先从最右车道上匝道，然后二者分
离，左转车辆到相对象限里汇入到那里的右转车辆所在匝道，然
后一起并入主车道。环状型立交桥没有苜蓿叶型容易产生车流交
织的缺点，也无须做 270° 的转弯，但其立交桥层数多，一般多为
三层，也有四层和五层的例子，因此造价相对昂贵，也容易产生视
觉上的景观冲击。笔者第一次见到这样的高速系统是在美国休斯
顿，当时觉得非常震撼。

　　第一座四层定向型立交桥在美国洛杉矶市，是州际 I-10 和
US101 的交汇处。它的第二、第四层为主干线，每层有六个车道；
第一、第三层为左转匝道。其最上一层高出地面 14.4 m，最下层
低于地面 6.6 m。主干线设计车速 96 km/h，匝道设计车速
55 km/h，交通量达 75 000 至 100 000 辆/昼夜，耗资约 280 万美

元。现在中国也有这种立交模式，比如上海延安东路就有这样一座环状型立交桥（如图 6.3(b)）。

图 6.3(b)　上海延安东路的环状型立交桥/维基百科

不同于首蓿叶型立交桥，我们没有找到一条漂亮的数学曲线来表示这种形状的立交桥。最接近的应该是"内旋轮线"（Hypotrochoid）。给定一个半径为 R 的固定的大圆和一个内切于大圆的半径为 r 的小圆，从这个小圆的圆心出发作一条固定在小圆的射线，然后在这条射线上取一个点 P，点 P 可以在小圆之外。点 P 到小圆中心的距离为 d。当这个小圆沿着大圆的内边滚动时，点 P 的轨迹就叫作"内旋轮线"。这个曲线的参数方程是

$$x(\theta) = (R-r)\cos\theta + d\cos\left(\frac{R-r}{r}\theta\right),$$

$$y(\theta) = (R-r)\sin\theta - d\sin\left(\frac{R-r}{r}\theta\right)。$$

注意虽然我们把滚动的圆称为小圆，其实我们并不假定 $r < R$。三个参数 r，R 和 d 之间没有任何限制，它们甚至可以是负数。依据它们的取值不同，我们可以得到许多不同形状的曲线。

比如当 $d=r=\dfrac{R}{2}$ 时，我们就得到一条线段；当 $d=0$ 时，我们就得到一个圆。图 6.4 是一组对应于不同的参数值 $(R，r，d)$ 的"内旋轮线"。我们可以感受到这些曲线是多么不同。

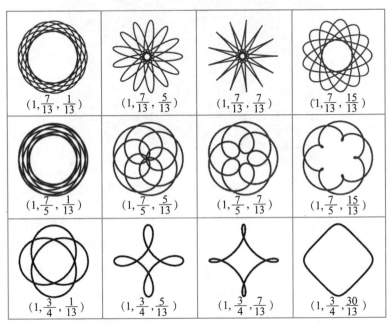

图 **6.4** 取不同参数时的内旋轮线/李想

内旋轮线在 Wolfram Mathematica 中的一般表达式是

$$\text{hypotrochoid}\,[R\,\_\,，r\,\_\,，d\,\_\,，\theta\,\_\,]:=\Big\{(R-r)\cos[\theta]+d\cos\Big[\dfrac{(R-r)\theta}{r}\Big]，$$

$$(R-r)\sin[\theta]-d\sin\Big[\dfrac{(R-r)\theta}{r}\Big]\Big\}。$$

使用上面的表达式以及 Wolfram Mathematica 中的 Table, ParametricPlot 和 Grid 等指令，我们就得到了图 6.4。

注意当 $R=1,r=\dfrac{3}{4},d=\dfrac{5}{13}$ 时,"内旋轮线"最接近于环状型立交桥。所不同的是,立交桥的四个"叶子"是尖状的,而"内旋轮线"是光滑的。匝道在接入主干线时必须与主干线相切。

题 读者可以到 desmos 上画出下列四条曲线:

$(\cos\theta\cos n\theta,\sin\theta\cos n\theta)$, $(\cos\theta\sin n\theta,\sin\theta\cos n\theta)$,

$(\cos\theta\cos n\theta,\sin\theta\sin n\theta)$, $(\cos\theta\sin n\theta,\sin\theta\sin n\theta)$。

大家可以通过变动 n 的值,看看能得出什么样的美丽曲线。它们像什么曲线?

题 由参数方程 $x=\cos^3 at,y=\sin^3 bt$ 定义的曲线也有趣。取不同的 a 和 b,大家看看能得到什么结果。

题 如果滚动的内轮是椭圆,大家会得到什么样的图形?

既然我们不能用一个数学方程来描述环状型,那么我们干脆把四个左转匝道单独拿出来,然后只看其中一段。其他匝道都可以通过将其旋转变换来实现。让我们单独拿出其中的由东向南的一段左转路线来。对于这样的路线,最好的数学公式恐怕是贝塞尔曲线(Bézier curve)了。贝塞尔曲线是 20 世纪 60 年代由法国工程师皮埃尔·贝塞尔所发现并应用于汽车主体设计的。现在贝塞尔曲线仍然是计算机图形学中相当重要的参数曲线。如图 6.5 所示,贝塞尔曲线可以在给定的两个点上按一定的方向连接,而这正好是匝道接入主干线时所要求的。

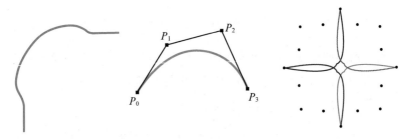

(a) 环状型立交桥由东向南的一段　(b) 贝塞尔曲线示意图　(c) Wolfram 给出的一个图案/李想

图 **6.5**

　　Wolfram 用贝塞尔曲线做出了许多漂亮的花型图案,但这些图案都不能满足我们这里的要求(图 6.5(c))。

　　我们还可以再进一步,将上面的曲线作 45°逆时针旋转。于是我们看到它近似于一条椭圆曲线(elliptic curve)。数学上,椭圆曲线是一个由代数方程 $y^2 = x^3 + ax + b$ 定义的曲线。图 6.6(b)是当 $a = 1$ 和 $b = 4$ 时的椭圆曲线,是用 desmos 制作的。用 Wolfram Mathematica 制作也很简单,我们略过。基于椭圆曲线,人们开发了一种建立公开密钥加密的算法。

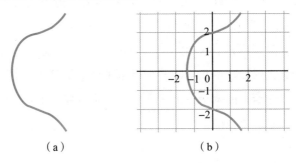

（a）　　　　　　　　　　（b）

(a) 作 45°逆时针转轴后的一段匝道　(b) 当 $a = 1$ 和 $b = 4$ 时的椭圆曲线

图 **6.6**

3. 涡轮型立交桥

我们介绍的第三种立交桥叫涡轮型（Turbine）。也有人把它称为涡流型（whirlpool）。这是环状型立交桥的一个变形，在山区等地形复杂的地方往往有用武之地。比起苜蓿叶型，它少了一些交错；比起环状型，它又少了一些起伏（如图6.7）。所以，

图 **6.7** 涡轮型立交桥布局/维基百科

它是道路设计者的一个理想选择。最漂亮的例子大概是在美国佛罗里达州的州际公路 I-295 上的一个涡轮型立交桥（如图 6.8(a)），其对称性近乎完美。

为了帮助读者理解这种立交桥名字的来源，我们特地找了一个涡轮机叶片的例子和一个水的涡流的例子（如图 6.8(b)(c)）。

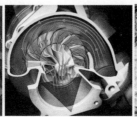
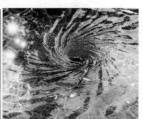

（a）佛罗里达州的一个涡轮型立交桥/谷歌地图

（b）涡轮机的叶片①/Green Mechanic

（c）水的涡流/维基百科

图 **6.8**

---

① https：// www. green-mechanic. com/2014/04/comparison-between-inward-flow-and. html.

数学上最接近于这种类型立交桥的曲线应该是螺线。螺线的种类有很多,比如阿基米德螺线、等角螺线(对数螺线)、双曲螺线、费马螺线、欧拉螺线,等等。用哪种螺线来与涡轮型立交桥相比都可以。下面我们用斐波那契螺线(Fibonacci spiral)来展示。欧拉螺线也很有意思,我们希望有机会另文介绍。斐波那契螺线又叫作黄金螺线(golden spiral),是对数螺线的一种特殊情况。在极坐标系中,对数螺线的方程是 $r = a\mathrm{e}^{b\theta}$ 或 $\theta = \dfrac{1}{b}\ln\dfrac{r}{a}$,其中 e 是自然对数的底,$\theta$ 是极角,r 是极半径,a 和 b 为螺线常数。常数 a 代表的是螺线初始时的半径,常数 b 代表的是增长因子。若用参数方程表示,则上述方程变为

$$x(\theta) = r(\theta)\cos\theta = a\mathrm{e}^{b\theta}\cos\theta, \quad y(\theta) = r(\theta)\sin\theta = a\mathrm{e}^{b\theta}\sin\theta。$$

斐波那契螺线就是让增长因子与黄金分割数 φ 挂上钩。具体地说就是当 $\theta = \dfrac{\pi}{2}$(或 $-\dfrac{\pi}{2}$)时,半径增加的倍数正好是 $\varphi = \dfrac{1+\sqrt{5}}{2} \approx 1.618$,于是有 $|b| = \dfrac{\ln\varphi}{\dfrac{\pi}{2}} \approx 0.306\,348\,9$。

对数螺线是自然界中常见的螺线。对数螺线有许多漂亮的性质,比如对数螺线是自相似的,经放大后可与原图完全相同;从原点出发的对数螺线上任意一点和原点的连线与此螺线在该点的切线形成一个固定的角;等等。除此之外,斐波那契螺线还有一个特殊的性质:给定任意四个共线的点 A,B,C,D,它们分别是当角度为 $\theta,\theta+\pi,\theta+2\pi,\theta+3\pi$ 时对数螺线上的点。那么存在交比等式

$$(A,D;B,C) = (A,D;C,B)。$$

在所有对数螺线中,这个性质只对于斐波那契螺线成立。

用 desmos 和 Wolfram Mathematica 制作斐波那契螺线也很方便。图 6.9 中的两个图形分别是用这两个软件得到的四条有不同起始点的斐波那契螺线。

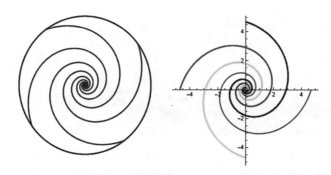

图 **6.9**　四条斐波那契螺线的叠加

4. 风车型立交桥

　　风车型（windmill）立交桥类似于涡轮型立交桥，只是拐弯处比较急，使得它的行车效率比起涡轮型立交桥降低了很多（如图 6.10）。荷兰在 1977 年建设了这样一个高速交叉路口，这是它建成后的样子（如图 6.11（a））。后来这个路口被改造，已经变得非常复杂。

　　风车型这个名字显然来自风车

图 **6.10**　风车型立交桥布局

的形状。它的四条左转路很像是风车的四个叶片。图 6.11（b）是美国加利弗尼亚州著名"丹麦村"索夫昂（Solvang）市里的一个风车。

索夫昂建于 1985 年,以丹麦式建筑及丹麦食物而闻名。英文 Solvang 原是丹麦语,意思是阳光明媚的地方。图 6.11(c)是纸风车。

（a）荷兰建成的一个风车型　　　（b）美国加利弗尼亚州　　　（c）纸风车
　　立交桥/维基百科　　　　　　　"丹麦村"的一个风车

图 **6.11**

图 6.12(a)是用 desmos 制作的风车的图形。这个图形的极坐标方程是

$$\rho = a\sin 3\theta \cos 3\theta + b\cos 2\theta, \quad a = 4.5, \quad b = 10。$$

题 建议读者在 desmos 或读者喜欢的软件上取不同的 a 和 b 值来看看将会得到什么曲线。结果一定让你惊讶。

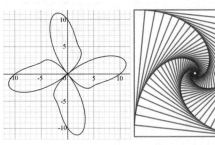
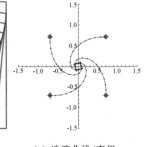

（a）用三角函数画出的风车　　　（b）追踪曲线(desmos)　　　（c）追踪曲线/李想

图 **6.12**

我们还可以从追踪曲线(pursuit curve)得到类似风车的图形。追踪曲线是由追踪特定曲线轨迹一个或多个点所形成的曲线。追踪曲线中有类似被追踪者及追踪者的角色,追踪者形成的曲线即为追踪曲线。有一个特殊的追踪问题是说,平面上有四个点,它们各有一个轨迹且任意时刻它们都构成一个正方形,每个点的轨迹又是追踪相邻顶点轨迹的追踪曲线,同时每个点也被另一边的相邻顶点追踪。每一个追踪者都以一条对数螺线向中心移动。这个问题又叫作"老鼠问题"(mice problem)。这四条曲线就形成了我们这里讨论的风车。这个追踪曲线也可以用 desmos 作出来,不过比较复杂一点。图 6.12(b)就是在 desmos 上作来的。

Wolfram 有一个网页专门介绍这个问题。图 6.12(c)是其效果图。题如果有三只老鼠分别从一个正三角形的顶点以相同的速度追踪它右边的那只老鼠,结果如何呢? 答案是,它们会在三角形的布罗卡点(Brocard point)会合。亨利・布罗卡是一位法国气象学家和数学家。他是在研究狗的追踪曲线时发现的这个点(其实是两个,但在正三角形中两点重合)。后来英国教育家和艺术家约翰・夏普从艺术的角度把追踪曲线推广到更为复杂的情形,得到了很多漂亮的艺术作品。在这方面还有美国程序员、数码艺术家、作家和诗人鲍勃・布里尔的作品。我们在参考文献中分享一篇关于追踪曲线的漂亮的博文"追随你的轨迹"。

美国青年数学爱好者哈姆扎・阿尔萨米里在他的新书《高等微积分探索:在物理、化学和其他领域里的应用》(*Advanced Calculus Explored*:*With Applications in Physics*,*Chemistry*,*and Beyond*)中出了一道题:"疯狂的蚂蚁"(*a crazy ant problem*)。

题如图 6.13,一只奇怪的蚂蚁从原点出发向 x 轴正半轴走一个单位,向左转 $60°$ 并走 $\frac{1}{2}$ 个单位,再向左转 $60°$ 并走 $\frac{1}{3}$ 单位,如此继续下去,问它的最终点是哪里?

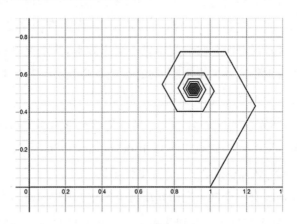

图 **6.13**   疯狂的蚂蚁

5. 环岛型立交桥

高速公路上环岛型(roundabout)立交桥是由三层道路组成:两条垂直的道路和一条在中间一层的匝道(如图 6.14(a))。主要干道上的交通不受管制。所有需要转弯的车辆都右转上匝道,然后真正需要右转的从第一个路口出去,需要左转的车辆从第三个路口出去。图 6.14(b)是荷兰的一个三层环岛型立交桥。

从数学上看,在所有类型的立交

图 **6.14(a)**   环岛型立交桥布局
/维基百科

桥当中,最缺少数学曲线之美的就是环岛型立交桥了:它不过是一个平面直角坐标系加一个单位圆。为统一起见,我们也把它的方程列在这里。单位圆的极坐标方程为 $r=1$,直角坐标方程为 $x^2+y^2=1$,参数方程为

$$x(\theta)=\cos\theta, y(\theta)=\sin\theta。$$

如果觉得这个太平凡的话,我们也可以联想一下其他数学概

图 **6.14(b)**　荷兰的一个三层环岛型立
交桥/维基百科

念。在抽象代数里,直和(direct sum)一般是用符号⊕来表示。例如,假定 **R** 是实数空间,那么直和 **R**⊕**R** 就是 xOy 平面**R**²。这个概念在抽象代数里发挥了重要作用。在数学形态学(Mathematical morphology)里,⊕是膨胀算子。另外,在天文学和占星学中,⊕代表地球。

6. 混合型立交桥

在实际的规划设计中,大量的立交桥是上面五种桥型的变异和混合。将苜蓿叶型和环状型结合起来就得到了环状苜蓿叶型(CloverStack)。它不但可以拥有环状型立交桥的优点,造价也相对便宜。在苜蓿叶型上增加集散道(cloverleaf with collector/distributor roads)就解决了主干道上车流受干扰的麻烦。也有一半涡轮型和一半环状型的混合型(turbine-stack hybrid)、部分苜蓿叶型(parclo)、钻石型(diamond)、分道排球型(divided volleyball)、U 形转弯型(U-turns),等等(如图 6.15)。我们不再一一介绍。

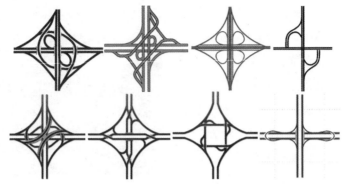

图 **6.15**　各种混合型和改进型立交桥/维基百科

近年来,由于收费的需要,还发展了双喇叭型(double-trumpet)立交桥。我们也略去不谈。

7. 立交桥和凯尔特结

所有标准立交桥都有一个共同特点:它们都具有多条交织的、畅通无阻的和具有一定对称性的曲线。在这一点上,立交桥很像凯尔特结(Celtic knot)。凯尔特结是一种由连续不断的缎带组成的结和程式化的图形,它们创造出精美复杂的曲线阵列(比如篮子编织结)。凯尔特结作为凯尔特文化中的重要标志历来深受欧洲人喜爱(如图 6.16)。

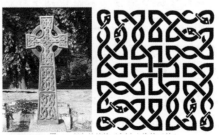

图 **6.16**　凯尔特结的两个例子/维基百科

在这里,我们注意到凯尔特结的几何布局多样匀称和连续贯通。我们同样应该注意到凯尔特结的拓扑结构。总之,凯尔特结的这两个方面与高速公路的均匀性、对称性和连通性有着惊人相似之处。目前对凯尔特结的数学性质研究似乎不多,但已经证明,凯尔特结和交错结(alternating knot,即有交错的投影图)是等价的。

也许有读者会注意到,凯尔特结很多用在了十字架上,而这个结构与前面提到的环岛型立交桥很像。这的确是事实,而且专门有一个词就是凯尔特十字(Celtic cross),描述的就是这类凯尔特结。但因凯尔特十字被一个已被禁止的新纳粹党采用,故德国政府禁止这个标志的公众展示。这种做法是为了防止纳粹主义复苏。因此,我们也不把凯尔特十字与本章的主题联系起来。

8. 右转匝道的情况

以上的讨论都是关于左转的情况。右转的匝道一般都是钻石型的,如图 6.17(a)。在图 6.17(b)里,左转和右转都使用了钻石型,所以是全钻石型(full diamond)。

这种钻石型的立交桥可以对应于数学上的星形线(astroid)。星形线的直角坐标方程是

图 **6.17**(a)　钻石型立交型的布局/维基百科

$$x^{\frac{2}{3}}+y^{\frac{2}{3}}=a^{\frac{2}{3}},$$

极坐标方程是 $\rho=\dfrac{a}{\left(\cos^{\frac{2}{3}}\theta+\sin^{\frac{2}{3}}\theta\right)^{\frac{3}{2}}},$

参数方程是
$$\begin{cases} x(t) = a\cos^3 t = \dfrac{a}{4}(3\cos t + \cos 3t), \\ y(t) = a\sin^3 t = \dfrac{a}{4}(3\sin t - \sin 3t)。\end{cases}$$

星形线是一个几何亏格为 0 的代数曲线的实数轨迹,其方程式为 $(x^2 + y^2 - a^2)^3 + 27a^2x^2y^2 = 0$。因此,星形线为六次曲线。

图 6.17(b)　美国俄克拉荷马市的一个全钻石型立交桥/谷歌地图

　　星形线是一种特殊的超椭圆(superellipse)。超椭圆是指满足方程 $\left|\dfrac{x}{a}\right|^n + \left|\dfrac{y}{b}\right|^n = 1$ 的曲线,其中 n, a, b 都是正实数。显然,星形线就是当 $a = b, n = \dfrac{2}{3}$ 时的一个特例。只要 $0 < n < 1$,超椭圆都有四个尖点。因此,它们都可以作为钻石型立交桥的数学化身。

　　我们最后来看看如何用 Wolfram Mathematica 得到这一族超椭圆。先令 $a = b = 1, r = 1.1$,然后做

ContourPlot[Evaluate[Table[Abs[$\dfrac{x}{a}$]^n + Abs[$\dfrac{y}{b}$]^n =
1, {n, {5, 3, 2, 1.5, .7, .5, .3}}]], {x, $-r$, r}, {y, $-r$, r}, ImageS-

ize→500,PlotPoints→50,PlotLegends→SwatchLegend〔Automatic,{5,3,2,1.5,.7,.5,.3}〕〕

图 6.18(b)是效果图。

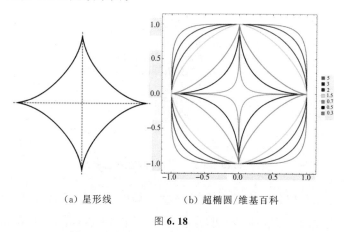

（a）星形线　　　　　（b）超椭圆/维基百科

图 **6.18**

星形线还能被看作一条有四个尖点的内摆线（hypocycloid）。内摆线也叫作圆内螺线。假设有一个定圆,若有另一个半径是此圆半径的 $\dfrac{1}{n+1}$ 的圆在其内部滚动,则圆周上的一定点在滚动时画出的轨迹就是一条内摆线。显然,内摆线是一类特殊的内旋轮线。我们在前面已经讨论过这类曲线。

9. 结束语

设计高架桥是一个科学问题。图 6.19 是 xkcd 的一幅漫画,说明如果设计不当,那么就完全是一座无用的桥。我们在《数学都知道 1》第八章里专门介绍了 xkcd 的作品。不要认为这样的事情不会在现实中出现。2020 年 8 月英国《太阳报》报道,英国布里斯托尔(Bristol)埃文茅斯(Avonmouth)的 M49 高速公路斥巨资完工逾九个月,一直迟迟未能投入使用,竟是因为开发商尚未将其连接到本地道路网。

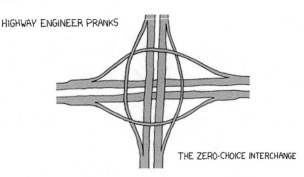

图 **6.19**   一座不可能的高架桥/xkcd

　　本章仅仅是以高速公路立交桥布局的不同特征为线索介绍一些有意思的数学曲线,并着重演示了使用 desmos 和 Wolfram Mathematica 作图的威力。当然,如果我们考虑更多的立交桥的类型,一定还会联想到更多漂亮的数学曲线。这个工作就留给读者吧。

参考文献

1. Le Corbusier. The City of Tomorrow and its Planning. Dover Architecture,1929.

2. Desmos. Online graphing calculator. https://www.desmos.com.

3. Wolfram Mathematica. Wolfram Research. https://www.wolfram.com/mathematica .

4. Bézier Curve Flowers. https://demonstrations.wolfram.com/BezierCurve-Flowers/.

5. Extended Four-Bug Problem. https://demonstrations.wolfram.com/ExtendedFourBugProblem/.

第七章 几何的颜色 —— 记漫画家克罗克特·约翰逊的数学绘画

数学与艺术是思想表达的两个不同方式,而数学家眼中的艺术和艺术家手里的数学相辉相映,反映的是数学与艺术的内在联系。我们在本章介绍一位艺术家,他试图用艺术来表达数学,做出了可敬的成果。

1. 约翰逊的漫画和儿童画

克罗克特·约翰逊(1906—1975)是美国漫画家、儿童图书插图画家大卫·约翰逊·雷斯克的笔名。他觉得雷斯克这个姓太难发音了,自作主张将其改为约翰逊,而且索性连名也改了。但他最要好的朋友一直称其为大卫。

约翰逊的父亲是一位英国移民,母亲是德国移民。1925 年他刚上大学,他的父亲就去世了。他不得不辍学以帮助母亲维持生计。他换过几次工作,其中一次是被梅西百货开除,因为他没有按要求穿赛璐珞衣领的衣服。他最后在一家航空杂志的美编职位上表现出色而得到了赏识。于是他开始在夜校学习排版和设计。在学校里他有幸遇到了一位有名的老师弗雷德里克·古迪,有一种英语字体就是以他的名字命名的。古迪的信条就是简单明了,决不保留不必要的线条和笔触。这似乎对约翰逊有重要影响,因为他描述自己的风格时说的就是"简单地、几乎是图解地讲清故事,避免所有的任意装饰"。1928 年,麦格劳一希尔教育兼并了他所在的航空杂志社。他被分派到六个不同的杂志社里做艺术编辑。但这段美好的时光只持续了几个月。随着 1929 年的经济大萧条,他的工资也大大缩水。

约翰逊具有左翼倾向,平时会跟一些激进的人在一起。他的第一幅漫画在 1934 年发表于宣传马克思主义的《新群众》(*The New Masses*) 杂志上。很快,漫画创作就成了他唯一的工作。

他最著名的创作是从 1942 年到 1952 年的漫画专栏"巴纳比"(Barnaby)。这时候他的作品里就有了一点数学的元素。他会在漫画里添上一个公式,尽管可能没有任何实际意义。偶有读者提出批评后,他开始注意漫画中的数学内容的准确性。他后来开始厌烦这种每周五次的固定任务。在 1952 年初终于下决心停止了这个系列。同时他开始了他的第二个创作方向——儿童图书插图。这要归功于他的妻子,儿童图书作家露丝·克劳斯。事实上,他在 1945 年就为克劳斯的书作插图了。约翰逊也为自己的书作插图。1955 年,他创作出版了儿童图书"哈罗德和紫色腊笔"(*Harold and the Purple Crayon*)并取得巨大成功。

2. 约翰逊的几何画

我们下面要介绍的是他的另一部分不太著名的数学漫画。

20 世纪 40 年代,美国数学得到了迅速发展。戈弗雷·哈罗德·哈代、理查德·库朗和哈罗德·考克斯特等人的著作得到了较为广泛的传播。这个现象对他产生了影响。他从 1961 年开始关注数学,用他自己的话说是在"姗姗来迟地发现毕达哥拉斯直角三角形和欧几里得几何中的审美价值"之后。对他影响最大的是美国数学史学家詹姆斯·纽曼。纽曼与美国哥伦比亚大学数学家爱德华·卡斯纳合作出版了一本《数学与想象》(*Mathematics and the Imagination*)。他后来花了 15 年时间编写了四卷的《数学的世界》(*The World of Mathematics*)。约翰逊拥有这套书,并认真阅读了其中的部分章节,特别是"伟大的数学家们"(*The Great Mathematicians*)。现在这部有约翰逊笔迹的书被保存在美国国家历史博物馆(National Museum of American History)里。

　　他从虚拟夸张的漫画转到表现数学原理的作品是有难度的。约翰逊对数学的兴趣纯粹是一个业余爱好者的放胆涉猎。他没有任何数学和科学方面的训练。他的最高学历是大一辍学。经历了几年的潜心学习之后,他不但画出了平面几何的神韵,而且还在数学教育杂志《数学公报》(*The Mathematical Gazette*)上发表了论文。他是用画笔来描述他心中的数学概念。从 1965 年到他去世,他创作了一百多幅有关数学和物理的油画,其中相当一部分(80幅)被保存在美国国家历史博物馆中。

　　约翰逊借助几何来刻意将自己的抽象画与现代艺术区分开来。他在画布(实际上是灰泥板)上测试不同的理论。他用这种使用形状的几何绘画来试验装饰的颜色和视觉错觉、情感的呼唤,还有古代符号的表示或其他与几何无关的目的。下面我们用一些具体的例子来展现他的数学绘画的风格。

　　一开始,约翰逊以纽曼的《数学的世界》及其他数学书籍为依据,开始了数学创作。几年后,他开始以自己的几何作图作为创作的素材。他一共创作出了一百多幅反映几何原理的作品。大多数抽象作品都是用油漆画在 2×3 英尺①的纤维板上,然后选一些放大

---

　　①　英制。1 英尺≈0.304 8 m。

到 4×4 英尺的画板上。

2.1 西奥多罗斯螺旋和勾股定理

大多数 1965 年的作品都是平面几何和射影几何方面的,素材均取自纽曼的书,很多与勾股定理有关,但是其主题也涉及微积分、数论、物理和天文。这一节里,我们介绍他前期的工作。在后两节里,我们介绍在数学上有更多他自己创新的一些作品①。

这幅作品(如图 7.1)的全名是"16 的平方根(古罗马的西奥多罗斯)""*Square Roots to Sixteen*（*Theodorus of Cyrene*）",它表达的是他构造序列 $\sqrt{1}$，$\sqrt{2}$，$\cdots$，$\sqrt{16}$ 的工作。正如作品的标题所指出的,这个作品出自柏拉图和塞阿埃特图斯的老师西奥多罗斯。西奥多罗斯对无理数有较深入的研究。虽然作品都已经遗失,但通过柏拉图的对话录《泰阿泰德篇》（*Theaetetus*）,我们知道西奥多罗斯设计了后人起名"西奥多罗斯螺旋"的几何作图,并由此证明了从 3 到 17 的所有非平方数都是无理数。这个螺旋从一个腰长为 1 的等腰直角三角形开始,以其斜边(长度为 $\sqrt{2}$)为一个直角边,另一直角边长度为 1 构造一个新的直角三角形,其斜边长为 $\sqrt{3}$ 。以此类推,第 16 个三角形的斜边长为 $\sqrt{17}$ 。

西奥多罗斯只进行到第 16 个三角形是因为画出的这 16 个三角形互不影响,但是从第 17 个三角形开始就会有重复的部分(如图 7.2)。传说西奥多罗斯的学生柏拉图曾经质疑老师为什么没有构造到 $\sqrt{17}$ 。原来,古代的几何学家是在沙子上画出它们的线条。如果一定要画出第 17 个三角形的话,图像就会过于凌乱。

---

① 本节和下节中约翰逊作品图片均来自史密森尼学会。

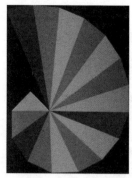

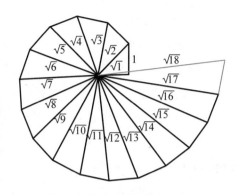

图 **7.1** "16 的平方根"　　　图 **7.2** 西奥多罗斯螺旋示意图

我们注意到约翰逊只画到了第 16 个三角形,所以他将其命名为"16 的平方根"。他没有解释原因,但从他的作品中我们已经读到了答案。他在这幅画中用了三种颜色。深灰色的三角形的斜边为 $\sqrt{4}$, $\sqrt{9}$ 和 $\sqrt{16}$,即都为整数。六个浅灰色的三角形的斜边都是无理数,而且根号下都是偶数。还有六个中灰色的三角形的斜边也都是无理数,但根号下都是奇数。显然他要表现的是从一个平方数到下一个平方数的某种规律。它们的间隔分别是 2,4 和 6。如果再加上第 17 个三角形的话就显得多余了。整个作品看起来像是一个贝壳,表现出离散螺线的美。

题 在网上有一道有意思的题目,由詹姆斯·坦顿提供①:给定一个矩形,作一个新的矩形使得其一个边长恰好是这个矩形的对角线的长度 OA,而且它的宽度使得新的矩形正好包住前一个矩形的另一个对角线的一个顶点 B。以此类推,后一个矩形的一个边长都是前一个矩形的对角线的长度,而且它的宽度使得新的矩形正好包

———————————

① https://twitter.com/jamestanton/status/1162620277257330688.

住前一个矩形的另一个对角线的一个顶点 C（如图 7.3）。这个步骤重复下去，请问这个过程的极限是什么？

利用直角三角形构造螺旋，我们可以逼近大自然中存在的螺旋（包括星云和台风）。

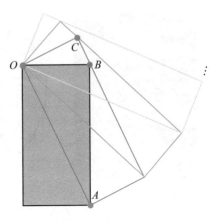

图 **7.3** 坦顿问题

题 2021 年加拿大奥林匹克数学竞赛的第五题是一个尺规作图题：我们知道，在尺规作图结构中，只有两种类型的一维结构：圆和直线。最开始时，白纸上只有两个距离为 1 的点。证明：可以用无刻度直尺和圆规在纸上作出一条直线和直线上距离 $\sqrt{2\,021}$ 的两点，且在构造过程中，出现的圆和直线的总数不超过 10。注：请给出明确的作图步骤，并按照圆和直线出现的顺序贴上标签。若作图步骤中出现的圆和直线的总数超过 10，则根据总数可能会得到部分分数。这道题的意义在于，它给出了尺规作图的一个新思路，那就是限制作图的步数。西安交通大学附属中学的金磊详细解答了这道有意思的题。

在约翰逊的几何绘画中，勾股定理是一个始终围绕的中心。当然他不会错过这个定理的证明。这个定理可以用很多方法来证明。在"勾股定理的证明" *Proof of the Pythagorean Theorem*（*Euclid*）那幅画中，他选择的是亚历山大的欧几里得的原始方法，出自欧几里得的《几何原本》性质 47。欧几里得的证明虽然比毕达哥拉斯晚了大约 250 年，但它是第一个被发现的证明。所以选择这个证明是最好不过的。图 7.4(a) 是他的作品，图 7.4(b) 是证明勾股定理的示

意图。约翰逊选择了红、黄、蓝三色作为基调颜色。三个正方形上
有两个颜色：一个基调颜色和黑色。它们各依附在中间的直角三角
形的三个边上。整个图像再现了欧几里得证明的主要思想。他的
作品中的底色比较暗，在本书印刷时不够明显。所以我们对底色做
了适当的处理。从他的作品中我们看到，他把上面的正方形削去了
一个角。这一点有些遗憾。也许他认为那个角不重要，或者从布局
的角度来看这样处理更为合理。我们不得而知。

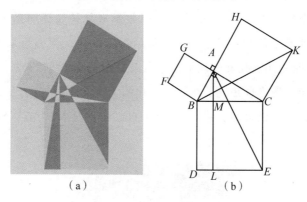

（a） （b）

图 7.4 勾股定理的证明

在欣赏下一幅作品之前，Ｑ 希望读者考虑勾股定理的证明。
据说一共有好几百种证明，但 1979 年高考要求考生证明勾股定理，
竟然绝大多数的考生都没有做出来。我们的读者应该不会失手吧。
题还有一个倒数勾股定理（Reciprocal Pythagorean Theorem）：假
设 a 和 b 是直角三角形的两个直角边长度，h 是斜边上高的长度。
那么

$$\frac{1}{a^2}+\frac{1}{b^2}=\frac{1}{h^2}。$$

这个题目应该不难证明。

2.2 "化圆为方"和古希腊三大几何问题

到 1968 年后,约翰逊开始了有自己在数学上独立见解的艺术创作。"化圆为方"(squaring the circle,不是指圆的平方)就是一个很好的例子。化圆为方是古希腊数学里尺规作图中的命题,它与三等分角、倍立方体问题并列为尺规作图三大难题。其问题为:作一个与给定的圆面积相等的正方形。如果尺规能够化圆为方,那么必然能够从单位长度出发,用尺规作出长度为 π 的线段。

这个问题直到 1882 年才被德国数学家林德曼证明是不可能,在认识到不可能化圆为方之后,人们就开始尝试用方形来近似圆形,也就是说用直尺和圆规来构造出近似等于 π 的线段来。

约翰逊最终也知道了在数学上化圆为方是不可能的,于是他也选择了近似 π 的道路。终于,他有了自己的解"化圆为方"(Squared Circle,如图 7.5)。

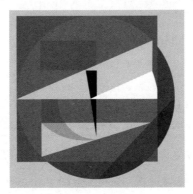

图 **7.5** "化圆为方"

约翰逊完成了他的作品之后,写出了自己的代数式去向数学家们请教。他首先把他的结果投给了《美国数学月刊》。主编哈利·弗兰德斯拒绝了他。弗兰德斯在通知信上写道:

"我希望你能理解,我绝对不可能在本月刊中发表任何有关化圆为方方面的文章,除非可能是一个新的不可能性的简短证明。你无法想象我收到了多少化圆为方、三等分角等方面的文章。在这方面发表的一篇文章总是导致洪水般的新的投稿。而且,数学家们已经对这类问题不再感兴趣了。"

不过,弗兰德斯是"巴纳比"的一个粉丝。他不忍心就这样拒绝了约翰逊的投稿。于是,他给约翰逊寄了一本考克斯特的著作《实射影平面》(*The Real Projective Plane*)并索要一本"巴纳比"漫画。约翰逊也向加德纳求助。加德纳建议他投给数学教育杂志《数学公报》。他照办了。这篇文章就是在《数学公报》上发表的"$\sqrt{\pi}$的几何性质"(*A Geometrical Look at* $\sqrt{\pi}$)。我们从他发表的数学公式可以看出,他实际上得到的是一个近似解,二者的误差约为 0.000 001。

下面我们介绍他的做法。如图 7.6,以点 O 为圆心作单位圆,然后作一个内接正方形。点 A 和 B 满足 $|AO|=|OB|=1$,并且 $|OC|=|BC|=\dfrac{\sqrt{2}}{2}$。由勾股定理,

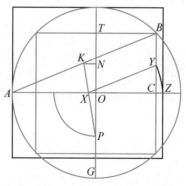

图 **7.6** 近似化圆为方构造法示意图

$$|AB| = \sqrt{|AC|^2 + |BC|^2} = \sqrt{1 + \sqrt{2} + \frac{1}{2} + \frac{1}{2}} = \sqrt{2 + \sqrt{2}}$$

$$\approx 1.847\,759_{\,\circ}$$

令 N 是线段 OT 的中点。过点 N 作线段 AC 的平行线,交 AB 于点 K。易证点 K 是 AB 的中点。所以,

$$|KN| = |AO| - \frac{|AC|}{2} = 1 - \frac{1}{2}\left(1 + \frac{\sqrt{2}}{2}\right) = \frac{1}{2} - \frac{\sqrt{2}}{4} = \frac{2 - \sqrt{2}}{4}_{\,\circ}$$

取点 P 为线段 OG 的中点。连接点 K 和点 P 交线段 AO 于点 X。计算 $|NP| = |NO| + |OP| = \frac{\sqrt{2}}{4} + \frac{1}{2}$。容易证明,$\triangle POX \backsim \triangle PNK$。因此

$$\frac{|XO|}{|OP|} = \frac{|KN|}{|NP|} \Rightarrow |XO| = \frac{3 - 2\sqrt{2}}{2}_{\,\circ}$$

另外,我们有

$$|AX| = |AO| - |XO| = \frac{2\sqrt{2} - 1}{2}, |XC| = |XO| + |OC| = \frac{3 - \sqrt{2}}{2}_{\,\circ}$$

过点 X 作 AB 的平行线,交 BC 于点 Y,则 $\triangle XYC \backsim \triangle ABC$。由相似性,我们有

$$\frac{|XY|}{|XC|} = \frac{|AB|}{|AC|} \Rightarrow |XY| = \frac{\sqrt{(2 + \sqrt{2})} \times (8 - 5\sqrt{2})}{2}_{\,\circ}$$

最后,过点 X 以 $|XY|$ 为半径作圆,交线段 AC 的延长线于点 Z。计算 AZ 的长度如下:

$$|AZ| = |AX| + |XZ| = |AX| + |XY|$$

$$= \frac{2\sqrt{2} - 1 + \sqrt{(2 + \sqrt{2})} \times (8 - 5\sqrt{2})}{2} \approx 1.772\,435_{\,\circ}$$

如果我们以 $|AZ|$ 的长度为边长作正方形,计算可得 $|AZ|^2 \approx$

3.141 525 829。比较 $|AZ|$ 和 $\sqrt{\pi}$，我们有

$$\sqrt{\pi} \approx 1.772\ 454 = 1.772\ 435 + 0.000\ 019。$$

这就是约翰逊的结果。

约翰逊对三大几何问题中的另外两个也有创作。

对于三等分角，他选择了"莫雷角三分线定理"（Morley's trisector theorem）。这个定理是由英国几何学家法兰克·莫雷在 1899 年发现的。对外角作外角三分线，也会有类似的性质，可以再作出 4 个等边三角形。其神奇之处就在于，尽管我们无法用尺规作出三等分角来，但三等分角可以为我们带来一个等边三角形。约翰逊用绘画表达了这个含义（如图 7.7）。约翰逊采用了金黄色为主的色调，图 7.7 中充分利用了光线的投影效果，恰到好处地突出了等边三角形。如果把这幅作品放进镜框并挂在办公室里，那一定很有特色。"莫雷角三分线定理"有一些不同的证明和推广。详情在本书第一章"艾尔思矩形、'哈佛定理'和康威圆定理"有更深入的讨论。

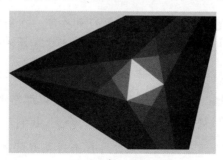

图 7.7 莫雷三角形

再来看他的倍立方体作品"提洛问题"（Problem of Delos (Menaechmus)）。这个名字源于与倍立方体问题相关的神话故事。传说公元前 429 年希腊提洛岛发生了一场瘟疫。阿波罗神指示岛

民将神殿中的正立方祭坛加大一倍。这就是关于倍立方体问题的神话。而古希腊数学家梅内赫莫斯是利用抛物线和双曲线解决倍立方体的第一人。约翰逊的作品表达的就是这个思想（如图 7.8（a)）。图 7.8(b)是梅内赫莫斯的作法。他指出，如果立方体的棱长是 a，那么图中的两条抛物线和一条双曲线的共同交点的 x 坐标就是倍立方体的棱长。

 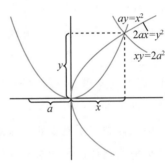

（a)提洛问题　　　　　　　(b) 约翰逊倍立方体的示意图

图 7.8

注意这个倍立方体的解法不是尺规作图。在梅内赫莫斯的时代，二次曲线的定义都还没有出现，他也不知道两个变量的方程可以确定一条曲线。他的作法是用尺规找到二次曲线上的一列点，把它们连接起来就得到了二次曲线。所以严格地说，这种作法应该算是近似尺规作图。在 21 世纪的今天，我们对二次曲线有了比较清晰的了解。那么如果允许在圆规和直尺之外再加上一条线绳，你可以画出抛物线、椭圆和双曲线吗？

我们在本书第十一章"二刻尺作图的古往今来"里将介绍尺规作图之外的折纸方法作倍立方体，在本书第二章"古希腊三大几何问题的近似尺规作图"里介绍了尺规作图的近似作倍立方体的方法。建议读者将这几章联系起来阅读。

2.3 正七边形

约翰逊后来的一些作品在数学上更加深刻,其中最有代表性的就是他在正七边形问题上的研究。我们知道,正七边形是第一个不能用尺规完成的作图问题。他恰到好处地使用了二刻尺。关于二刻尺,我们将在本书第十一章"二刻尺作图的古往今来"中作详细介绍。他挑战的是正七边形的作图(A Construction for a Regular Heptagon)。1593 年,法国数学家弗朗索瓦·韦达给出了第一个借助二刻尺画出正七边形的方法。据说更早的阿基米德也给了一个非正统的类似二刻尺的方法。(但有人怀疑那个证明不是阿基米德给出来的。)

约翰逊并不想把古人的作法搬来用。他要自己设计出一个新的方法。有意思的是,他竟然是在阿基米德的出生地西西里岛的锡拉库扎(Syracuse,Sicily)旅游时想出来的。这真可算是借助了神力。他的思想是构造出三个内角比为 3∶3∶1 的等腰三角形,那么这个三角形的三个顶点就是正七边形的三个顶点。所以下面通过作这个三角形的外接圆,然后就容易用尺规找到其余的四个顶点。下面我们来描述约翰逊的作法(图 7.9)。

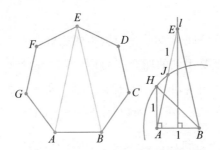

图 **7.9** 七边形的二刻尺作图(几何版)

假定我们有一把二刻尺，上面有一个单位刻度。先画单位线段 AB。作 $AH \perp AB$。我们还容易作线段 AB 的垂直平分线，把它记作 l。然后，以 B 为圆心，以 BH 的长 $\sqrt{2}$ 为半径作圆。现在用二刻尺作线段 AE 使得点 E 落在直线 l 上并且其与圆的交点 J 到 E 的距离是 1。约翰逊声称，这样构造出来的 $\triangle ABE$ 就是一个内角成 3∶3∶1 的等腰三角形。如图 7.9。

下面的证明是美国人丹·劳森提供的。如图 7.10，给定单位正七边形 $ABCDEFG$。如果在 AE 上取点 Q，使得 $|EQ| = 1$，那么 $|BQ| = \sqrt{2}$。显然，如果能证明这个结论，那么就完成了约翰逊的证明，因为这里的 BQ 就是前面图中的 BJ。我们先需要一个引理。

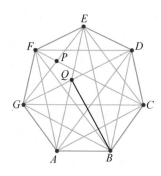

图 7.10　几何证明的辅助正七边形

引理　在一个正七边形中，其对角线满足下面的关系：
$$d_1 + d_2 = d_1 d_2。$$
这里，$d_1 \neq d_2$，d_1 和 d_2 分别是正七边形的长对角线和短对角线的长度。

证明　上面的正七边形中有太多的三角形。为了证明的需要，我们提取出下面要用到的四个三角形（如图 7.11）。因为把正七边形嵌入一个外接圆内，我们容易标出下面三角形中的所有内角。

因为 $\triangle GCP \cong \triangle BFA$，所以 $|GP| = 1$，$|CP| = d_2$。另一方面，$\triangle EAB \backsim \triangle CEP$，所以有 $\dfrac{|EP|}{d_2} = \dfrac{1}{d_1}$，进而有 $|EP| = \dfrac{d_2}{d_1}$。由此得到
$$d_2 = 1 + \frac{d_2}{d_1}, \quad d_1 + d_2 = d_1 d_2。\ \blacksquare$$

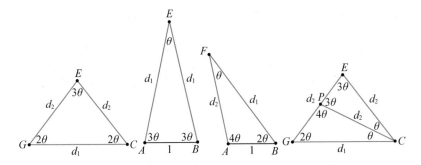

图 **7.11** 引理证明的辅助三角形

下面我们就来证明 $|BQ| = \sqrt{2}$。

在图 7.12 中,过点 Q 作 ED 的平行线,交 DB 于点 R。因为 $|EQ| = 1$,所以 $|DR| = 1$。由此得到

$$|AQ| = d_1 - 1, |BR| = d_2 - 1。$$

四边形 $BRQA$ 是一个以 AB 和 RQ 为腰的等腰梯形,而且两腰满足 $|AB| = |RQ| = 1$。

根据托勒密定理,等腰梯形的对角线可以由公式 $\sqrt{ab + c^2}$ 计算出来,其中 a

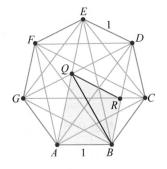

图 **7.12** 几何证明的辅助
正七边形

和 b 是梯形的两个底的长度,c 是腰的长度。于是,

$$|BQ| = \sqrt{(d_1 - 1)(d_2 - 1) + 1} = \sqrt{d_1 d_2 - d_1 - d_2 + 2} = \sqrt{2}。\blacksquare$$

注意在上面的图中,我们看到 Q 是 AE 和 GD 的交点,R 是 BD 和 GC 的交点。不过,我们没有用到这个事实。

约翰逊不是这样证明的。他的方法是借用三角函数来证明。在这里,我们也简单地把他的证明介绍一下。如图 7.13,我们有 $2x \sin \theta = 1$。又根据余弦定理,$2 = 1 + x^2 - 2x \cos 2\theta$。利用上两个等

式去掉 x 得 $8\sin^3\theta-4\sin^2\theta-4\sin\theta+1=0$。简化得 $\sin 3\theta=\cos 4\theta$。

解此三角方程可得 $\theta=\dfrac{\pi}{14},\dfrac{5\pi}{14},\dfrac{9\pi}{14},\cdots$。满足本题条件的只有 $\theta=\dfrac{\pi}{14}$。

于是,我们证明了这个三角形是一个 3∶3∶1 的三角形,即它的三

个角分别为 $\dfrac{3\pi}{7},\dfrac{3\pi}{7}$ 和 $\dfrac{\pi}{7}$。

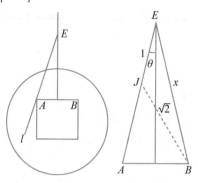

图 7.13　约翰逊的二刻尺作图示意图

约翰逊在锡拉库扎还想出了另一个作图方法,也挺有意思。他那天在餐馆里等上菜时,用桌面上的菜单、酒瓶和火柴拼凑着他苦思冥想的 3∶3∶1 三角形,他居然想出一个七根火柴的证明方法。

在心满意足于他自己的杰作后,他创作了图 7.14 的两幅作品。左边一幅反映的是他的三角函数思路,右边一幅则是他的火柴思路。

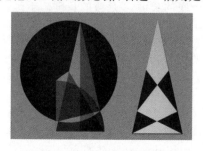

图 7.14　正七边形的二刻尺作图

目前,对正七边形的研究还很活跃,比如有人研究了正七边形的密铺并发现最大密度是 0.902 414,这是所有凸形中最低的。

2.4 两个与力学有关的作品

约翰逊也有一些与物理有关的作品。这里我们只给出其中的两个(如图 7.15)。一个是"摆的运动"(Pendulum Motion),另一个是"轨道速度定律"(Laws of Orbiting Velocities)。显然他对伽利略·伽利莱很敬仰。这两个作品都表达的是伽利略的结果。

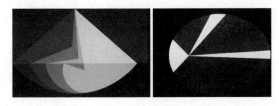

图 **7.15** "摆的运动"和"轨道速度定律"

他还把埃拉托塞尼测量地球周长(Measurement of the Earth)的方法用艺术的形式再现。我们在《数学都知道 1》第十章中介绍过这个方法。

3. 结束语

本章介绍了一位美国画家约翰逊。

在约翰逊开始一个新的创作计划前,他突然因肺癌去世,终年 68 岁。作为一名画家,他给我们留下了可爱的"巴纳比"和"哈罗德",以及我们今天特别介绍的抽象几何形象。作为一名左翼文人,他义不容辞地为左翼出版物《新群众》创作了许多反映底层人士生活、反战和反希特勒的作品。为了爱情,他留下了不少儿童喜爱的儿童书的插画。他还是一名作家和一名发明家。他的一生精彩纷呈,但最让我们震撼的是他最后阶段对数学艺术的追求。作为一名大一肄业生,我们可以想象他所经历过的困难。他为我们留下的作品不但表现了几何性质,而且包含了他自己的创新。他以一位艺术家的身份教给我们数学爱好者做数学的一个新视野。他的探索精神值得我们每一个人学习。

参考文献

1. Johnson C. A Geometrical look at $\sqrt{\pi}$ [J]. The Mathematical Gazette, 1970,54: 59-60.

2. Johnson C. A Construction for a Regular Heptagon [J]. The Mathematical Gazette,1975,59(407): 17-21.

3. Richeson D. A Geometry Theorem Looking for a Geometric Proof. https:// divisbyzero. com/2016/03/23/a-geometry-theorem-looking-for-a-geometric-proof/.

4. Kidwell P A. The Mathematical Paintings of Crockett Johnson,1965-1975. // Analyzing Art and Aesthetics. Goodyear A C,Weitekamp M A. Washington, D. C:Smithsonian Institution Scholarly Press.

5. Mike Culpepper. Crockett Johnson: The Slippery Slope from Comics to Fine Art. https: //shrineodreams. wordpress. com/2012/08/21/crockett-johnson-the-slippery-slope-from-comics-to-fine-art.

6. The National Museum of American History. Mathematical Paintings of Crockett Johnson. http://americanhistory. si. edu/collections/object-groups/mathematical-paintings-of-crockett-johnson.

7. Cawthone S. Green J. Cubes, Conic Sections,and Crockett Johnson-Johnson's Mathematical Paintings. https://old. maa. org/press/periodicals/convergence/cubes-conic-sections-and-crockett-johnson.

8. Grundhauser E. The Artful Precision of the Creator of "Harold and the Pur-

ple Crayon". https：// www. atlasobscura. com/articles/crockett-johnson-math-art-paintings-harold-purple-crayon.

9. Kidwell P A. The Mathematical Paintings of Crockett Johnson，1965-1975，Chapter 13，Analyzing Art and Aesthetics. Goodyear A C，Weitekamp M A. Washington，D. C：Smithsonian Institution Scholarly Press.

10. John Baez. Packing Regular Heptagons. https：//blogs. ams. org/visualinsight/2014/11/15/packing-regular-heptagons/.

11. Grant R E，Ghannam T，Kennedy A. A Novel Geometric Model of Natural Spirals Based on Right Triangle Polygonal Modular Formations. arXiv：2111. 02895.

12. 金磊 . 2021 年 CMO 第 5 题与作图游戏欧几里得. https：// mp. weixin. qq. com/s/94FQazqDwIX9g_7Aiobqyw.

第八章　不会写诗的数学家不是好数学家

比尔斯顿是一位奇特诗人。没有人知道他的来历，只知道他有一天突然在社交媒体上发了一个微博（他自己都不知道算不算是一首诗），更多地像是一组精心挑选的字词，仅仅是为了满足微博要求的 140 字限制。当然他发的微博看上去像是一首诗，而且竟然被一位有点名气的诗人点了一个赞。诗人随手的一点就开启了一个奇特诗人的新生。

1. 斐波那契体诗

比尔斯顿的诗是在社交媒体上陆续出现的。抓人眼球的是他的一首斐波那契体诗。从他的其他作品来看，他的数学诗并不多，但确实与众不同，值得说上一句。

让我们就从斐波那契说起吧。为了让普通读者能够理解，先介绍一下斐波那契。数学上，斐波那契数列是意大利人斐波那契研究的一个数列。如图 8.1，他描述兔子生长的数目时作了如下的假定：

（1）第一个月初有一对刚诞生的兔子，

（2）刚诞生的兔子在第二个月不会生育，从第三个月开始它们每月都可以生育，

（3）每月每对可生育的兔子会诞生下一对新兔子，

（4）兔子永不死去。

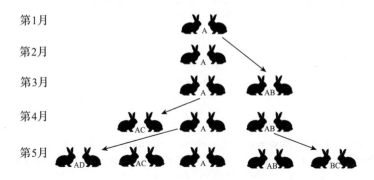

第1月

第2月

第3月

第4月

第5月

图 **8.1**　斐波那契数列示意图

　　斐波那契数列不是斐波那契第一个提出来的。他只是把这个数列推广到了欧洲。最早有这个思想的是公元前 3 世纪至公元前 2世纪古印度学者宾伽罗。他是受到梵文诗歌的启发而得到斐波那契数列的。从这个意义上讲，斐波那契诗应该算是一种回归吧。

　　让我们记 $F_1=1, F_2=1$。它们分别是第 1 月和第 2 月兔子的对数。因为刚出生的兔子在下一个月不会生新兔子，所以 $F_2=F_1=1$。让我们引入 $F_0=0$，即在第 0 个月的时候兔子的对数是 0，那么就有 $F_2=F_1+F_0=1+0=1$。可以看到，在第 n 个月($n>1$)，有 $F_n=F_{n-1}+F_{n-2}$ 成立。于是我们得到一个数列

$$1,1,2,3,5,8,13,21,34,55,89,144,\cdots$$

　　比尔斯顿利用这个数列创作了一首诗。它的每一行的字数依次排列起来正好与这个数列相同。我们就称其为"斐波那契体诗"，或简称为"斐诗"。下面就是他的这首诗

Word Crunching

I
wrote
a poem
on a page
but then each line grew
by the word sum of the previous two
until I started to worry at all these words coming with such frequency
because，as you can see，it can be easy to run out of space when a poem gets all
Fibonacci sequency.

我们尝试把这首诗翻译如下：

拥挤的字词

我
在
纸上
写首诗
它每行变长
字数是前两行的和
我开始担心按此规则不停地写
您将看到一首迅速耗尽纸张的斐波那契体的诗章。

对斐波那契数列有些了解的读者应该知道斐波那契数列可以用图 8.2 的斐波那契螺旋表示（见本书第十章"黄金分割、白银分割、塑胶分割及其他"）。

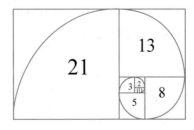

图 8.2　斐波那契螺旋示意图

我们把这首诗和翻译也放到这个螺旋里。诗从螺旋的最中心开始逐步向外展开(如图 8.3)。

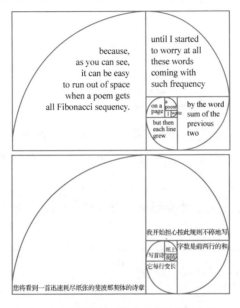

图 **8.3** 斐波那契螺旋中的斐波那契体诗

显而易见,在写这个诗体时,中文比英文有优越性:英文的每个字的长短不同,所以我们看到英文"wrote"这个词无法被放到单位方格里,而中文的"在"字则很容易安排进去。英文其他的句子也很难放到一行里,中文就轻易做到。

比尔斯顿的粉丝给了他热情的回应。比如有下面一位网友的斐波那契体诗:

I

Love

Your poem

And wonder whether

You have ever checked out

3 amazing videos about Fibonacci by Vi Hart

这首诗大意是：

　　　　　　　　　我
　　　　　　　　　爱
　　　　　　　　　汝诗
　　　　　　　　并好奇
　　　　　　　您是否知道
　　　　维哈特斐数三视频

　　这首诗把 Vi Hart[①] 介绍斐波那契的三个视频巧妙地嵌入这首诗里。"遇见数学"微信公众号已经把这三个视频汉化。类似的视频有很多。

　　当笔者把这个诗体介绍给好友张进[②]后，他也颇有兴致地创作了一首《数》。

　　　　　　　　　　《数》

　　　　　　　　　　数
　　　　　　　　　　字
　　　　　　　　　　01
　　　　　　　　　234
　　　　　　　　56789
　　　　　　抽象与具象的纽扣
　　　　数值与大小无关占位决定命运
　　从出生开始这十个数字伴随人生穿越一道道大门

　　在张进的鼓励下，笔者也跃跃欲试一首《平面几何》

---

　　①　这是美国女数学音乐家维多利亚·哈特的网名。她在油管上的网名是 Vihart。
　　②　他的简书创作社区作者名是：老_树。

```
《平面几何》

点
线
平面
平行线
相交于无限
是平面几何的关键
手持欧几里得的《几何原本》宝典
虽然三角形貌似简单又变化无穷构成无限的幻想
内心外心重心垂心旁心是周知的五心而更有九点中心陪位重心等角心默默相伴
点的运动更为奇妙,感谢笛卡儿建立了坐标,心形线旋轮线箕舌线曳物线正弦曲线
追踪曲线对数螺线还有斐波那契螺旋线各显惊艳
……
```

题 确定斐波那契数列的第 2 022 项的最后三位。

所有的斐波那契体诗都有一个共同的特点就是没有结尾。正如比尔斯顿所说,你需要担心的是纸张空间不够。这首《平面几何》就在正要展开时戛然而止,颇有余言未尽的感觉。不过,斐波那契序列有一个特点:每 60 次迭代后 F_n 的个位数就会开始重复。也许可以利用这个特点来写诗。斐波那契数列有太多的好性质,等待人们去发现。

斐波那契数列与黄金分割紧密联系,因为 $\lim_{n \to +\infty} \frac{F_{n+1}}{F_n} = \varphi$ 正是黄金分割比值。现在让我们作一点变化。我们仍然取头两项的值为 0 和 1。即 $P_0 = 0, P_1 = 1$。假定从第三项开始后的数列满足关系式:$P_n = 2P_{n-1} + P_{n-2}$。于是我们得到数列

$$0, 1, 2, 5, 12, 29, 70, 169, 408, 985, \cdots。$$

这个数列与斐波那契数列有类似的性质。比如极限 $\lim_{n \to +\infty} \frac{P_{n+1}}{P_n} =$

δ_s 叫作白银分割比例数（见本书第十章"黄金分割、白银分割、塑胶分割及其他"）。这个数列以英国数学家佩尔命名，叫作佩尔数列。如果以此作诗，那么就是佩尔体诗了。需要小心的是，佩尔体诗增长得更快。在这里试作佩尔体小诗一首

《代数》

数
方程
代数多项式
包含了整数分数实数和复数
历经千年已枝丰叶茂但仍向纵深发展并留无数未解之谜显数学魅力
……

---

2. 维恩体诗

让我们再来看一首比尔斯顿的数学诗。诗体是个维恩图（Venn diagram），我们就称为维恩体吧，也挺有意思。

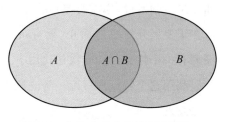

图 8.4   集合 A,B 的维恩图示意图

维恩图也称文氏图或韦恩图等，是在集合论数学分支中用以表示集合的一种草图。最简单的是两个集合构成的维恩图。比如图 8.4 中灰色的圈（集合 A）可以表示所有的数学家的全体。蓝色的圈（集合 B）可以表示所有的哲学家的全体。灰色和蓝色的圈交叠的区域（叫作交集）包含所有的那些既是数学家又是哲学家的人。维恩图最初的思想来自欧拉，但是 19 世纪英国的哲学家和数学家维恩在 1881 年出版了一本关于符号逻辑的书后才开始得到大众的认知。因为维恩身兼数学家和

哲学家两重身份,所以他在 A 和 B 的交集里。英国人伯特兰·罗素也在这个交集里。注意,现在我们有了三类集合:一类是数学家,一类是哲学家,还有一类是既是数学家又是哲学家。(严格地说,如果要把人类用数学家和哲学家进行分类的话,还有其他类集合,比如是数学家但不是哲学家,是哲学家但不是数学家,等等。)

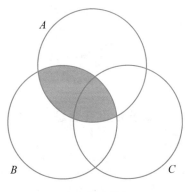

图 **8.5**　三个集合的维恩图

题 描述图 8.5 维恩图中蓝色部分。

比维恩图更一般的是欧拉图。陶哲轩专门讨论过这两种图。

维恩体诗有一点像中文里的藏头、藏尾诗。比尔斯顿的维恩体诗"在十字路口上"(*At the Intersection*,如图 8.6)如下:

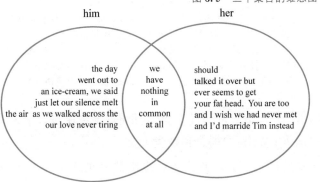

图 **8.6**　比尔斯顿的维恩体诗"*At the Intersection*"

这个故事讲的是一对谈恋爱的情侣的心里对话。两人的思路完全不同,两人思路的交集部分就是说他们没有共同语言。我们尝试翻译如下(如图 8.7):

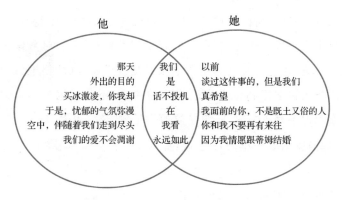

图 8.7   比尔斯顿的维恩体诗"在十字路口上"

是不是很有意思？"他"和"她"各说各的话，他们没有共同语言。

他说的是：	她说的是：
那天我们	我们以前
外出的目的是	是谈过这件事的，但是我们
买冰激凌，你我却话不投机	话不投机真希望
于是，忧郁的气氛弥漫在	在我面前的你，不是既土又俗的人
空中，伴随着我们走到尽头我看	我看你和我不要再有来往
我们的爱不会凋谢永远如此	永远如此因为我情愿跟蒂姆结婚

比尔斯顿以这首诗获得了 2015 年的"全英速写文学大赛"（the Great British Write Off）的诗歌类大奖。

网友们看了比尔斯顿的诗后也凑热闹创作了一些维恩体诗。图 8.8 是一首"学生和老师"。左边是老师的话，右边是学生的话。图 8.9 是这首诗的大意。

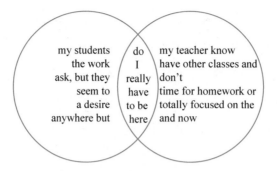

图 8.8 维恩体诗"学生和老师"

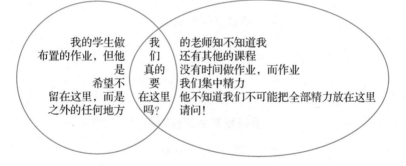

图 8.9 维恩体诗"学生和老师"翻译

在我看来,这首"学生和老师"比比尔斯顿的"在十字路口上"更好。因为"在十字路口上"里的中间部分更像是"她的"话,而不像是"他的"话。而这首"学生和老师"的中间部分更像是双方的共同感受。这不正是维恩图中 A 和 B 的交集部分的含义吗?

如果创作维恩体诗的中文诗,可能最佳选择是传统的七言古体诗("七古")藏字诗。我在下面试作一首七古藏字诗《春鸣秋声》

> 风吹柳黄摇浅春　春信悄然入梦乡
>
> 雨打草绿听鹊鸣　鸣雁梳羽盼北归
>
> 月含潭水浮清秋　秋波难解羁旅意
>
> 日照故园传心声　声怀往事依窗楣

这样一首诗可以被看作三首诗。

第一首

春鸣秋声之一（藏尾）

风吹柳黄摇浅春，
雨打草绿听鹊鸣。
月含潭水浮清秋，
日照故园传心声。

第二首

春鸣秋声之二（藏头）

春信悄然入梦乡，
鸣雁梳羽盼北归。
秋波难解羁旅意，
声怀往事依窗楣。

第三首

春鸣秋声之三（双藏）

风吹柳黄摇浅春，春信悄然入梦乡。
雨打草绿听鹊鸣，鸣雁梳羽盼北归。
月含潭水浮清秋，秋波难解羁旅意。
日照故园传心声，声怀往事依窗楣。

笔者没有试图把诗写成律诗，因为律诗对平仄押韵要求很严格，而且左边和右边需要分别成七绝,这对其中的藏尾诗部分要求太高。但从这个例子我们可以再一次看到中文诗词的威力,因为维恩体诗只是分为左、右两首。

张进在给我热情指导的同时也作了一首七古藏字诗:

春满人间

细雨绵绵谁唤春,春岚袅袅山雀鸣。

和风轻轻香气满,满目潺潺林溪喧。

流水潺潺待旅人,人声轻轻摇玉叶。

暖烟袅袅绕眉间,间色绵绵翰墨丹。

我们相信读者会有更为优秀的维恩体诗。

3. 其他数学体诗

比尔斯顿还有其他一些有趣的诗词。一首"单元格"(*Cell*)让人们想到了微软的表格软件 Excel。一首"助记"(*Mnemonic*)教人们如何记住一年中有哪些月份有 31 天。我们中国人有更好的办法"一三五七八十腊,三十一天准不差",再一次显示了中文的优越。"A Leaky Weekend"采用了竖版,这个在我们老祖先那里大量存在,不过对于西方人来说挺新鲜的。下面一首"炎热夏日写诗之烦恼"(*The Problem of Writing Poetry on a Hot Day*,如图 8.10)是一个放飞的风格。读过之后,相信大家能想象到他的一首"大风天写诗之烦恼"(*The Problem of Writing Poems on a Windy Day*)该是一个什么样的风格了。

The Problem of Writing Poetry on a Hot Day	炎热夏日写诗之烦恼
temperatures were soaring	温度正快速飞涨
so I wrote at quite a clip	我写首小诗记下
but the sun was strong	但阳光实在太强
and before too long	没容我等待很久
my words began to dri p	那些字开始滴答
wor d that once weres oli d	原本坚固的字迹
dow the page had r u n	从下面开始散架
my thoughts express ed	我想表达的思想
had deliquesce d	已经被渐渐潮解
andmeltedinthesun	并在阳光下融合

图 8.10　炎热夏日写诗之烦恼

其他数学体诗还有康托尔体，比如下面的英文诗"康托尔尘埃——分形诗"（*The Cantor Dust － Fractal Poetry*，如图 8.11，作者是巴西圣保罗大学的计算机学家罗德里戈·西凯拉）：

in the structure of dynamical systems
lies a new vision   of order & chaos
complex creation   order   chaos
can you see the   flow in the path
f r a c   tu r e   i n t o m i n d
‖‖ ‖‖ ‖‖ ‖‖‖   ‖‖ ‖‖ ‖‖ ‖‖

Rodrigo Siqueira
rodrigo@lsi.usp.br

图 8.11　康托尔尘埃/西凯拉

出生于津巴布韦，现在旅居英国的玛丽安·克里斯蒂写过很多数学诗。比如下面的"在边缘"（如图 8.12，*At the Edge*）：

图 8.12　分形诗①/克里斯蒂

　　捷克诗人拉多斯拉夫·罗哈利在美国数学协会的官方博客上发表了一篇博文"方程诗"（*Equation Poetry*），挺有意思。比如把指数函数的泰勒级数 $e^x = 1 + \dfrac{x}{1!} + \dfrac{x^2}{2!} + \dfrac{x^3}{3!} + \cdots, -\infty < x < +\infty$ 写成

$$time^x = approximation +$$

$$\frac{of\,your\,image}{time\,!} + \frac{of\,your\,feeling^2}{time\,seems\,!} + \frac{of\,your\,being^3}{time\,seems\,linear} + \cdots,$$

$$-\infty < x < +\infty.$$

把圆的面积公式 $a = \pi * r^2$ 写成：$I\ am\ circling = \pi *$ *around your radius*^{2}。罗哈利认为，"数学"诗不是关于数学的诗，而是形式由数学规则决定的诗。诗人能有这样的数学功底令人

———————————

①　见参考文献 6。

佩服。

在西方，数学家们写诗自古有之。意大利数学家尼科洛·塔塔利亚在发现解三次代数方程的方法后就把他的算法写成了一首诗。到现在数学家写诗也是一个很常见的事情。张智民和陈龙介绍过，一年一次的"有限元马戏团"活动里都会有数学家献诗的活动。现代中国也不乏诗人数学家：比如已故的苏步青和仍然活跃在诗坛的蔡天新。俄国数学家索菲娅·瓦西里耶夫娜·柯瓦列夫斯卡娅说过："灵魂中不是诗人就不可能成为数学家。"一个在数学界津津乐道的故事是韩裔美国人许埈珥在 2022 年获得了菲尔兹奖。而他在大学最想当的是诗人。在这里，我们抛砖引玉，请数学家们多多奉献你们的诗歌。

4. 中文数学体诗词

我国古代的诗词源远流长，留下了大量的传世佳作。如果按数学体来划分，所有的律诗和绝句都可以归为矩形体诗。上面介绍的藏头藏尾诗就是这类诗。有人用人工智能在 28 万行唐诗里找出了对称矩阵：

风月清江夜

月出夜山深

清夜方归来

江山归谢客

夜深来客稀

其中五行分别来自五首古诗。不管你是横着读还是竖着读都是同一首诗。令人叫绝。

三角体诗也称宝塔诗。中唐诗人元稹创作的《一字至七字诗·茶》是这种诗中的经典：

茶，

香叶，嫩芽。

慕诗客，爱僧家。

碾雕白玉，罗织红纱。

铫煎黄蕊色，碗转曲尘花。

夜后邀陪明月，晨前独对朝霞。

洗尽古今人不倦，将知醉后岂堪夸。

宋词里也不乏数学体的词。比如宋朝杜安世的《朝玉阶·帘卷春寒小雨天》用的是等差递减数列(7,5,3)：

帘卷春寒小雨天。牡丹花落尽，悄庭轩。

高空双燕舞翩翩。无风轻絮坠，暗苔钱。

拟将幽怨写香笺。中心多少事，语难传。

思量真个恶因缘。那堪长梦见，在伊边。

5. 马里兰大学教授沃尔夫的一首诗："新数学"

本节介绍美国马里兰大学教授彼得·沃尔夫发表在一个系刊上的一首小诗。那是 20 世纪 90 年代数学家们大面积地开始使用计算机的时候。诗中提到了数值分析和有限元。那时候有限元分析专家伊沃·巴布斯卡教授是那里的权威专家，所以队伍很强。没想到他宣布退休后到美国得州大学去了。再有提到的是动力系统和混沌理论。这当然是詹姆斯·约克教授的领地。好了，提供完本诗的背景之后，请大家欣赏这首诗："新数学"（*The New Mathemat-*

ics）。感谢网友 shatan 提供了中文翻译。

Often people ask me what is new　　　　　数学有啥新发现？
in mathematics，in your view?　　　　　有人向我求答案。
Have mathematicians become astuter?　　　我们没变更精明，
Not really，they've just learned to use the computer.　学习电脑刚起帆。

We have all kinds of new hardware　　　　拥有各种新硬件，
to help us with the load we bear　　　　　帮助我们排万难。
so now when we want to solve an equation　方程求解何处去？
we just head for the nearest workstation.　只需迈向工作站。

Whatever the mathematical task，　　　　不管题目有多难，
whatever question you care to ask，　　　不管问题深与浅，
we can give you the answer then and there　只要软件选得对，
if only we have the right software.　　　　随时随地给答案。

We now have Suns，Apollos and VAX's　　电脑发展到今天，
(all paid for with your taxes)　　　　　VAX，Apollo 还有 SUN，
and the software we receive　　　　　　装上软件显神威，
can do some things you wouldn't believe.　昔日你我难预见。

Inverse a matrix? It's a snap.　　　　　矩阵求逆在瞬间，
Iterate the Hénon map.　　　　　　　　和农映射快循环。
Any large integer we can factor　　　　　分解任何大整数，
or show the world a strange attractor.　　奇怪引子显眼前。

In now takes hardly any time　　　　　　数论学家找素数，
for the number theorists to find a prime.　几乎不需花时间。
The topologists program for the purpose　拓扑学家编程序，
of making pictures of some strange surface.　绘制流形怪曲面。

The numerical analysts are having a ball.　数值分析正发展，
Computing's their business，after all.　　原本就是搞计算。
They are happy to use what they know　　兴致勃勃求新知，
to show the rest of us the way to go.　　引领方向拓前沿。

There's lesson here that's quite instructive.	有门课程很新鲜，
The finite element group is more productive.	数值方法有限元。
They all do more than they ever did	划分网格用电脑，
using a computer generated grid.	高效优质胜从前。
Then there are dynamics boys	动力学家夜难眠，
who are going wild with their new toys.	新的玩具更好玩。
They use computer graphics to get	电脑图形画出啥？
color pictures of a Julia set.	茹利亚集彩图片。
Their computations are so exact they'll	电脑计算多精湛，
reveal patterns which are clearly fractal.	分形几何细可见。
They can now shock and dismay us	更多混沌待探索，
with even more examples of chaos.	世人兴奋世人赞。
So I would say there's no dispute.	事到如今无悬念，
Mathematicians must learn to compute.	大家都得学计算。
Computers have changed the rules of the game	电脑改变旧规则，
and mathematics will never be the same.	数学又见一片天。

这是二十多年前的诗了，其中可以看到历史的痕迹。年轻的读者可能没有听说过 VAX，apollo（阿波罗电脑）和 Sun（升阳电脑）。但是那时它们是最先进的计算机系统了，今天读来笔者仍觉亲切："电脑改变旧规则，数学又见一片天。"

6. 诗评《数学都知道》

我们在本章的最后将读者为《数学都知道》写的诗介绍给大家。首先是上海大学力学与工程科学学院杨小权教授的《七律·赠数学都知道》两首

赠《数学都知道》
2017 年 6 月 28 日
（一）

赠《数学都知道》
2017 年 10 月 2 日
（二）

妙趣横生智慧云，千姿百态卓无群。
自然物理说同性，平面空间道异氛。
规律可循依导数，微元累计靠积分。
专书在手通天下，宝卷常随逸事闻。

包罗万象自然鲜，富有泓涵气韵玄。
漫画雪花钟表趣，圆周无理地球年。
奇闻逸事精神启，深理单言意境全。
文化玄机哲思悟，书香致远蒋王篇。

　　然后是笔者的好友张进在收到赠书后写的一首自由体诗（如图 8.13）：

在春光中阅读《数学都知道》

嬗变的雪花
　　浸入规矩的幻方，
数学的游戏
　　愉悦人生的旅行；
嘀嗒的钟声
　　响在无眠的深夜，
无情的时间
　　记录着世间的真情；
数学的逻辑
　　演奏出空灵的天籁，
音乐的丛林
　　变幻着梦中的仙境；
生活的奇妙
　　发生在无意的邂逅，
数学的漫画
　　描绘着一个个甜美的家庭；
奇幻的0与1的雕塑
　　伫立在天地之间，
拓扑艺术的飘带
　　恰好缠绕住克莱因瓶。
宁静的长空
　　被春风默默刻画，
寂寞的大地
　　被春草悄悄抚平，
无言的垂柳
　　被春雨慢慢唤醒，
婀娜的青枝
　　被书页轻轻撩动。

方程的花园
　　绽放着心形的花朵；
数论的溪水
　　浮动着白云的倒影；
背诵乘法口诀
　　敬佩祖先的聪慧；
听圆周率的故事
　　惊叹欧拉的美丽；
看无理数的传记
　　感悟数字的奇妙；
重温飞翔之梦
　　再向鸟儿学习飞行；
欣赏折纸艺术
　　品味数学家的浪漫；
聆听墓碑上的数学恋歌
　　猜想逝者的纯情。
欣赏数学家的作品
　　领悟寂寥清贫中的喧嚣与富有，
沿着春光中的曲线
　　寻找昨日的纯洁与远方的真情。

张进
2017年2月23日

　　后记：在初春的暖阳下阅读《数学都知道》，往返于数学的过去和现在；羡慕着数学家的才华与勤奋，寂寞与快乐。它不时引燃我星星点点的数学记忆，在记忆中游历青春的乐园。诚谢老友蒋迅和王淑红老师辛勤笔耕，让我的感悟聚会成诗句。

图 8.13　张进的诗"在春光中阅读《数学都知道》"

参考文献

1. Bryan Pitchford. Poetry at the Edge of the World. https：//elpitchford. word-press. com/.

2. A Fibonacci Poem. http：//www. amathsteacherwrites. co. uk/a-fibonacci-po-em/.

3. Sarah Glaz. Poetry Inspired by Mathematics. Proceedings of Bridges Pecs，2010，5(4)：35-43.

4. Tao T. Venn and Euler type diagrams for vector spaces and abelian groups. https：//terrytao. wordpress. com/2021/11/07/venn-and-euler-type-diagrams-for-vector-spaces-and-abelian-groups/.

5. Rochallyi R. Equation Poetry. https：//www. mathvalues. org/masterblog/equation-poetry.

6. 张智民. 有限元马戏团. 数学文化，2019,10(4)：109-112.

7. 陈龙. The Finite Element Circus (有限元马戏团). https：//mp. weixin. qq. com/s/y8lmcUVwWxkylR5Sp4_8wg.

8. 妙哉！那个用文言文编程的小哥，竟从 28 万行唐诗中找出了对称矩阵. https：//www. sohu. com/a/457716139_610300.

第九章　数学卡通包《奇先生妙小姐》①

我们在《数学都知道 1》第七章及第八章两章中集中介绍了国外的数学漫画。现在再介绍一组来自英国的漫画。

《奇先生妙小姐》(*Mr. Men Little Miss*) 最早是英国儿童文学作家罗杰·哈格里夫斯的作品。《奇先生妙小姐》每一个角色都用"先生"或"小姐"来称呼，而且要在"先生"或"小姐"前加上一个特定的名词或形容词。角色们的性格相当极端，比如恶作剧先生(Mr. Mischief)经常闹恶作剧，角色全部有独特的形状并以单色调为主，比如开心先生(Mr. Happy)就是圆形，是黄色，常常很快乐。老哈格里夫斯去世后，他的儿子亚当·哈格里夫斯接班，以"良先生和酷先生"(Mr. Good and Mr. Cool)为主题继续创作。

接班的不只是亚当·哈格里夫斯，还有一位中学数学教师爱德华·索撒尔(我们在本书第四章"《几何小吃》的简约美"中介绍过他)。2015 年 1 月的一天，索撒尔突发奇想，为什么不自己创作一个新的"奇先生妙小姐"系列呢？他给自己的系列起了一个新的名字："数学奇先生妙小姐"。从此一发不可收拾(如图 9.1)。

---

① 本章图片均来自于索撒尔博客。部分图片有本书作者的再加工。

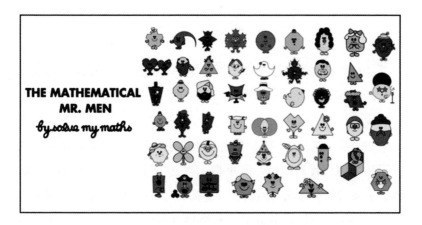

图 **9.1**　数学奇先生妙小姐

原来的哈格里夫斯父子系列里数学的元素极少，有人发现了一个作品"强先生"（*Mr. Strong*）还大惊小怪了一番。其实那不过是一个正方形。现在好了，索撒尔提供了大量风趣的数学题材。很多中小学教师都喜欢用他的这些漫画。不过，有些教师不太喜欢"小姐"这个词。所以他为了迁就这些教师，有时也改称"女士"。

他的这个系列保持了哈格里夫斯父子的风格，不过是以数学人物和几何形状为主题的。他在这些作品中突破了传统漫画的笔法，一半写实，另一半夸张。我们想这是很多教师喜欢其作品的原因吧，因为教师们都希望活跃课堂的气氛，而最终还是要回到数学主题上去。

索撒尔的这些卡通多数都没有带说明。这样会给缺乏相关背景的读者造成困难。我们按他的少数几个带（英文）说明的卡通片为它们增加了中文说明。

1. 数学人物奇先生妙小姐

　　让我们先来看数学人物奇先生和妙小姐。这些作品多以数学史上的重要人物为选题，以其对数学的贡献及其真实的画像或照片为线索，塑造出一个拟人形象。

　　如图 9.2 是称为"科赫先生"的一幅作品。它是由索撒尔本人配了说明的。我们知道，海里格·冯·科赫是一位瑞典数学家，他以著名的科赫雪花而闻名。我们在《数学都知道 1》第一章里介绍过他。索撒尔就以科赫分形为依据创作了科赫先生人物卡通。虽然这个卡通与科赫先生的真实肖像相去甚远，但没有人会觉得它不像科赫本人。

图 **9.2**　科赫先生

　　亚历山大里亚的欧几里得是平面几何的老祖宗了，被称为"几何学之父"。你可能不知道，古希腊其实有过两个欧几里得。所以为了把他们区分开，人们称数学家欧几里得为亚历山大里亚的欧几里得。另一位以哲学悖论出名的欧几里得则被称为墨伽拉的欧几里得。关于亚历山大里亚的欧几里得,其实人们对其所知甚少。我们不知道他的准确生卒日期、地点和细节,没有任何他在世时期的画像,而且在中世纪里,作家常把他与墨伽拉的欧几里得弄混。甚至到现在还有人认为其实并不存在亚历山大里亚的欧几里得,而他的作品都是一群数学家以欧几里得为名所写,取名欧几里得的原因是为了纪念历史人物墨伽拉的欧几里得(与法国的布尔巴基类似)。可以肯定的是,他的画像都是后人自己想象出来的。这张卡片(如图 9.3)的说明制作得有些草率。作者从谷歌图片上截的图多有重复,没有能够达到言简意明的效果。

图 **9.3**　欧几里得先生

曼德博是分形之父。这一点在索撒尔的卡通(如图 9.4)里一览无余地表达了出来。虽然曼德博不是图 9.4 中右下角的分形的发现者,但他是第一位把这个分形在计算机上实现的人,而且他是提出"分形"概念的人。他说这个分形就是他的签字。人们把这个分形就叫作曼德博分形。所以索撒尔创作的这个形象恰到好处。有点遗憾的是,他没有把曼德博在计算机上实现的第一张曼德博分形加在卡通片上。在计算机历史博物馆里保存有他打印的第一张曼德博分形的图。当时打印机打印了 12 分时间。

本华·曼德博

数学家

　　本华·曼德博（1924年11月20日—2010年10月14日）又译伯努瓦·曼德勃罗、曼德布洛特，生于波兰华沙，法国、美国数学家。幼年随全家移居法国巴黎，大半生均在美国度过，拥有法国和美国的双重国籍。曼德博的研究范围广泛，从数学物理到金融数学，但他最大的成就则是创立了分形几何。他创造了"碎形"这个名词，并且描述了曼德博集合。他也致力于向大众介绍自己的理论，通过面向普通公众的著作和演讲，使他的研究成果广为人知。本华·曼德博是他所用的中文名，在他的耶鲁大学个人网页首页上可以见到。

图 **9.4**　曼德博先生

　　读者对大名鼎鼎的大卫·希尔伯特都很熟悉了。我们为这个名片配了一个说明（如图 9.5）。

　　大卫·希尔伯特（1862年1月23日—1943年2月14日），德国数学家，是19世纪和20世纪初最具影响力的数学家之一。他因为发明了大量的思想观念（例：不变量理论、公理化几何、希尔伯特空间）而被尊为伟大的数学家、科学家。1900年，在巴黎的国际数学家大会上提出了"希尔伯特的23个问题"为20世纪的许多数学研究指出方向。　　　　（维基百科）

图 **9.5**　希尔伯特先生

我们特别喜欢希尔伯特的旅馆这个故事，因为它可能使还没有领悟数学本质的读者跨越障碍的大门。我们想顺便推荐一下美国数学家施瓦茨著的《无穷的画廊——数学家如何思考无穷》这本书。1930 年，希尔伯特表达了对数学不可动摇的信仰："我们必须知道，我们必将知道。"他的这句名言影响着很多数学人。索撒尔创作的卡通像依据的是希尔伯特在 1912 年的一张身份照。当时哥廷根大学给教授印制了明信片卖给学生。

阿涅西保存下来的画像很少（如图 9.6）。采用最多的是保存在斯卡拉大剧院博物馆中的一幅。索撒尔也是以此画像为蓝本创作的。可能最让人好奇的是她的那个女巫曲线。简单地说就是翻译错误，这条曲线的中文名字是"箕舌线"。可见中国数学家没有受到英文翻译错误的影响，但我们不知道这段历史的细节。我们在《数学都知道 2》第十一章中做过详细解释。2014 年 5 月 16 日，谷

图 **9.6**　阿涅西小姐

歌发了一个以箕舌线为主题的动态涂鸦以纪念这位著名的女数学
家。值得一提的是,阿涅西淡泊名利,拒绝了教皇授意下意大利
博洛尼亚大学向她发来的教授聘书,她把最后 47 余年的生活奉献
给慈善事业、为穷人服务,并且潜心研究神学(特别是教父学)。
1799 年她身无分文地去世,她与疗养院另外的 15 名女病人被一起
埋在了一块无名墓地里。

当你看到托马斯·哈里奥特这张卡通(如图 9.7)时可能会有点
诧异,因为我们可能根本没听说过这个人。这是因为他首先是一
位天文学家。他第一个发现了折射定律,第一个绘制了月球地图,
他甚至被誉为将马铃薯引入英国和爱尔兰的人。数学上,他的《使
用分析学》(Artis Analyticaepraxis)主要讲的是方程理论,包括一
次、二次、三次和四次方程的处理,具有给定根的方程的建立方
法,方程的根与系数的关系,把一个方程变成其根与原方程的根

图 9.7   哈里奥特先生

有特定关系的方程的变换，以及方程的数值解。哈里奥特按照韦达的方法，用元音代表未知数，辅音代表常数；他用小写字母比用大写字母多。他改进了韦达的乘幂的记号，用 aa 表示 a^2，用 aaa 表示 a^3 等。他是第一次用 ＞（大于）和 ＜（小于）符号的人。但是我们现在选择介绍这个卡通是因为他是第一位从数学上计算堆叠炮弹的最有效方法，以便人们可以轻松计算堆中有多少炮弹的人。球体包装问题至今是一个热门课题。

　　费马由于费马大定理而出名，特别是在 1994 年，英国数学家安德鲁·怀尔斯证明了这个定理后更是家喻户晓。我们认为费马大定理是数学上的一大奇迹。在这里，我们想告诉读者，费马不仅是在数论上颇有建树，而且在解析几何、微积分、概率论方面也成就斐然，如图 9.8。

图 **9.8**　费马先生

　　作为本节最后一个人物，我们选择了印度数学家拉马努金。需要说明的是这幅卡通上的 1 729。关于这个数的故事在图 9.9 的右下角。据说在哈代听了拉马努金的回答后又问：那么对于四次方来说，这个最小数是多少呢？拉马努金想了想，回答说："这个数很大，答案是 635 318 657。"这是因为 $635\ 318\ 657 = 59^4 + 158^4 = 133^4 + 134^4$。不知道这后一段是否属实，因为这是欧拉早就得到的结果，哈代应该知道吧。我们后面也会谈到这个数。"拉马努金先生"这幅作品应该不算完美，它似乎少了一些重要的元素，比如 π、连分数、重根式、连乘、椭圆函数等。

拉马努金（1887—1920），印度人是亚洲史上最著名的数学家之一。尽管其从未受过正规的高等数学教育，却沉迷数论，尤爱牵涉 π、质数等数学常数的求和公式，以及整数分拆。惯以直觉（或跳步或称之为数感）导出公式，不喜作证明，而他的理论在事后往往被证明是对的。他所留下的尚未被证明之公式，引发了后来的大量研究。他自学成才并负笈剑桥的传奇故事曾数次被拍成电影，包括了 2015 年的《知无涯者》。

逸事：拉马努金病重，哈代前往探望。哈代说："我搭的计程车牌号是 1 729，这数字真没趣，希望不是不祥之兆。"拉马努金答道："不，这个数有趣得很。在所有可以用两个立方数之和来表达而且有两种表达方式的数中，1 729 是最小的。"哈代引述利特尔伍德的话说："每个正整数都是拉马努金的朋友。"

（维基百科）

$1^3 + 12^3 = 9^3 + 10^3$

图 9.9　拉马努金先生

索撒尔的"数学卡通先生"里还有希帕提娅、高斯、洛夫莱斯、笛卡儿、阿耶波多和卡瓦列里等。Ⓠ还有哪些数学家值得收入这个系列中？

Ⓠ图 9.10 是一个未完成的图片。请读者帮助完成。

图 9.10　请完成这个图片

2. 几何形状奇先生妙小姐

　　相比人物卡通形象，索撒尔创作的几何形状更有意思，也更有意义。许多形状在中文文献里少有出现。我们在本节中着重介绍。

　　这幅作品（如图 9.11）是"四叶玫瑰线小姐"。四叶玫瑰线（Quadrifolium）是玫瑰线的一个特例。如果用极坐标方程的话，很容易推广到 n 叶玫瑰线。我们在本书第六章"立交桥布局中的曲线欣赏"中介绍过四叶玫瑰线。拟人化的四叶玫瑰线就是一双眼睛加上一个微笑的嘴，这完全是绘文字（emoji）中笑脸的思路。与绘文字笑脸不同的是，索撒尔还给他的主人公都设计有手或有脚，有的还有帽子，显得特别亲切。下面所有拟人化的几何形状都是这个思路。

四叶玫瑰线小姐

植物学上，它叫四叶草，是三叶草的稀有变种。西方人认为找到四叶草是幸运的表现，日本人认为找到四叶草会得到幸福，所以它又被称为"幸运草"。数学上，我们把这样的曲线叫作"四叶玫瑰线"。它是由极坐标方程 $\rho = a\cos 2\theta$ 生成的。显然这是当 $n=2$ 时的玫瑰线 $\rho = a\cos n\theta$。我们可以很容易地将"四叶玫瑰线"的极坐标方程转换成直角坐标方程 $(x^2+y^2)^3 = 4a^2x^2y^2$。

我们在本书第六章里介绍了这种曲线与公路立交桥的关系。它是立交桥中最为普遍的苜蓿叶型立交桥。

图 9.11　四叶玫瑰线小姐

肾脏线（Nephroid）是一条平面曲线（如图 9.12）。其名显然是来自它的形状 —— 两个左右对称的肾脏。肾脏线是更一般的外摆线（Epicycloid）的一个特殊情况。我们在本书第六章"立交桥布局中的曲线欣赏"中介绍过"内旋轮线"，它对不同的参数可以有五花八门的呈现方式。外摆线也有类似的性质。建议读者在 desmos 上玩一玩。上 desmos 网站搜寻"Hypotrochoid/Epitrochoid"就可以找到。

肾脏线小姐

在几何学中，肾是一条特定的平面曲线。它是外摆线的一种，其中较小圆的半径与较大圆的半径相差二分之一。如果小圆的半径为 a，固定圆的圆心为 (0,0)，半径为 2a，小圆的滚动角度为 2φ，起点为 (2a,2)，则可得参数表示

$x(\varphi)=3a\cos\varphi - a\cos 3\varphi=6a\cos\varphi - 4a\cos^3\varphi,$

$y(\varphi)=3a\sin\varphi - a\sin 3\varphi=4a\sin^3\varphi,\quad 0<\varphi<2\pi,$

复数映射 $z \to z^3+3z$ 将单位圆映射到肾脏线。

图 9.12　肾脏线小姐

　　我们选择这张图片是因为体育场的面积和周长问题的计算在初等数学里经常出现。英语里这个形状还有其他的名字，比如 discorectangle（不规则矩形）、obround（长圆形）、sausage body（香肠体）。它的应用也不只在竞赛场上，还有胶囊、液滴等。索撒尔画的帽子特别好，因为它不但赋予体育场以生命，而且告诉读者这个形状是由两个半圆和一个矩形组成（如图 9.13）。

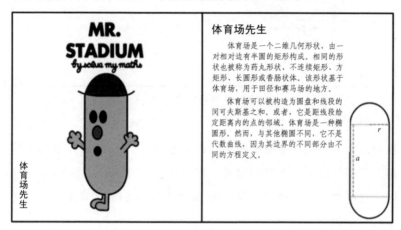

图 **9.13**　体育场先生

　　这是一个六边形，但却被称为"双三角形"（ditrigon，如图 9.14）。原来它其实是两个大小不同的等边三角形叠加并取其交集而成。工业界对这个形状的喜爱大于数学界，因为有些物质就呈现这个形状。其实在这个几何形状上我们还是可以做一些数学题目的，比如它的六个中垂线过同一个点。但相关的题目还是较少。

🔲假定两个等边三角形的边长都是 1，求各个顶点的坐标。

双三角形：
　　一个六边形，它的每个内角都是120°，而两个不同的边长交替。双三角形出现在自然晶体结构中，也出现在雪花中。

图 9.14　双三角形小姐

　　卵形线，这似乎是又一个不太被人们谈论的曲线。它的形状特别有意思。我们感谢索撒尔选择了它（如图 9.15）。在该图说明里，我们给出了三次卵形线的方程（注意是三次哦）。显然当 $a=b$ 时，它就退化成了椭圆方程。在《数学都知道 2》第二章里我们介绍了另一个鹅蛋方程。

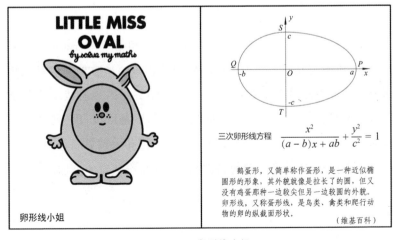

三次卵形线方程　$\dfrac{x^2}{(a-b)x+ab}+\dfrac{y^2}{c^2}=1$

　　鹅蛋形，又简单称作蛋形，是一种近似椭圆形的形象，其外貌就像是拉长了的圆，但又没有鸡蛋那种一边较尖但另一边较圆的外貌。卵形线，又称蛋形线，是鸟类、禽类和爬行动物的卵的纵截面形状。
（维基百科）

图 9.15　卵形线小姐

英语里"gnomon"这个词有两个意思。在西方它是"日规"。日规是日晷上的一个装置（三角形），它产生阴影的边缘那一部分（斜边）称为晷针。这个名词被用来描述 L 形的仪器。这种形状可以用来解释与描述从一个较大的方块切割组成较小的方块形状。欧几里得在《几何原本》中将这个名词推广到平面图上，从一个大的平行四边形的一角移动，以得相似的平面图形。而在中国，它与古代打击乐器"磬"有关。磬的形状像曲尺，用玉、石制成，可悬挂。"磬折"在古代指磬的"倨句"，为 135°。现在是指在矩形或平行四边形中任一角，切去一较小之矩形或平行四边形后所剩余之图形（如图 9.16）。

图 **9.16**　磬折形小姐

筝形（kite）是美国平面几何课本专门写的一种四边形（如图 9.17）。在中国台湾称作鸢形，也叫鹞形。"鹞形"二字中的"鹞"即为风筝之意。菱形是特殊的筝形。筝形有以下的特点：它有内切圆；其中两对邻边相等；对角线互相垂直，而且有一条对角线被另一条对角线平分。注意筝形可以是凸的，也可以是凹的。但通常人们只把凸筝形看作筝形，把凹筝形称为"镖"或者"矢"。在图 9.17 中有一个筝形密铺。埃舍尔的《骑士》就是利用了筝形的密铺性质。$\boxed{Q}$ 请读者思考一个问题：飞机的升力和风筝的升力原理是一样的吗？

图 9.17 筝小姐

勒洛三角形（Reuleaux triangle）也叫莱洛三角形或弧三角形，还有人称之为曲边三角形。这个特别的几何形状是德国机械工程师弗朗茨·勒洛参与设计的。它在工业界有很多应用。比如勒洛三角形形状的扫地机器人能扫到的面积达到了 98.77%，而圆形的同样产品只能覆盖 78.54%。它最大的特点是：它是除圆以外最简单的定宽曲线（如图 9.18）。图 9.18 还表明了勒洛三角形的画法：以等边三角形上的三个顶点为圆心、以边长为半径在另两个顶点之间作圆弧，那么三段弧围成的曲边三角形即为勒洛三角形。

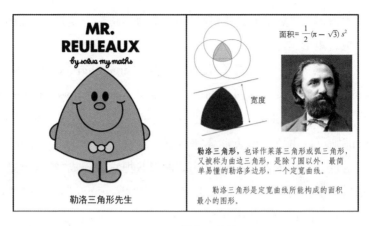

图 **9.18** 勒洛三角形

尖椭圆/鱼形椭圆（如图 9.19）。无论是"尖椭圆"还是"鱼形椭圆"的称呼都与我们通常意义下的椭圆没有关系。"vesica piscis"在拉丁文中的原意是鱼鳔。它是由两个半径相同的圆盘的交集而得到的。它是欧几里得在《几何原本》中作等腰三角形的尺规作图的第 1 步。所以它在古代数学、艺术和宗教上都有出现。

图 **9.19** 尖椭圆/鱼形椭圆小姐

索撒尔的"数学卡通几何"里还有等边三角形、菱形、六边形、六角星、矩形、心脏线等。

我们还想再介绍两个几何名词:"dipentagram"和"ditetragon"。似乎还没有这两个词的中文翻译。显然"dipentagram"可以由一个五角星形和一个五边形叠加而成(取并集)。而"ditetragon"则可以由两个四边形叠加而成。这就与前面的"ditrigon"是一个道理。我们依据"dipentagram"的形状把它翻译成"钝五角星";而相应于前面的双三角形的命名来看,把"ditetragon"翻译成"双四边形"似乎比较恰当(如图 9.20)。

图 **9.20** "钝五角星先生"和"双四边形先生"

另外,曼德博在制作梯形时用了两个词:"Trapezoid"和"Trapezium"(如图 9.21)。这两个词会给人造成困扰。在北美,"Trapezoid"是梯形,即至少有一对边平行的四边形;"Trapezium"是非梯形的四边形。在北美以外的地区,这两个定义正好相反。据说其原因是在 1795 年美国的第一本数学词典把英国的这两个词的意思弄反了。从此美国人就一直沿用了他们的第一本数学词典的定义。为了强调这个区别，索撒尔特意在 Trapezoid 先生头上戴了一顶美国流行的牛仔帽，而在 Trapezium 先生的头上则戴上了一顶欧洲人喜欢的礼帽。他算是用尽了心思。

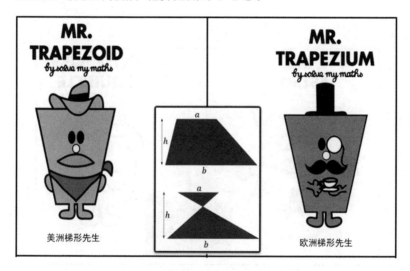

图 9.21　"美洲梯形先生"和"欧洲梯形先生"

在图片 9.21 中，我们增加了中间的两种梯形，其中第二个梯形是一种交叉形式的梯形。

题 证明第一个梯形的面积是 $\dfrac{1}{2} \times \dfrac{b^2 - a^2}{b - a} h$，而第二个梯形的面积是 $\dfrac{1}{2} \times \dfrac{b^2 + a^2}{b + a} h$。能否用文字来描述这两个公式？

再看一对儿，这次是帅哥和美女（如图 9.22）。在几何学中，方圆形是一种性质介于圆和正方形之间的几何形状。它的定义不止一种。最常使用的是由方程 $x^4 + y^4 = 1$ 定义的，即当 $n = 4$ 且

$a=b=1$ 时的超椭圆（superellipse）$\left|\dfrac{x}{a}\right|^{n}+\left|\dfrac{y}{b}\right|^{n}=1$ 的一个特例。

方圆形在英文中称为"squircle"，它是 "square"（正方形）和 "circle"（圆）的组合词，中文同样也是方形和圆形的组合词。方圆形已被应用于设计和光学领域。另一个方圆形的定义来自光学工作

$$x^{2}+y^{2}-\dfrac{s^{2}}{r^{2}}x^{2}y^{2}=1。$$

图 **9.22** "星形线先生"和"方圆形小姐"

超椭圆方程 $\left(\dfrac{x}{a}\right)^{n}+\left(\dfrac{y}{b}\right)^{n}=1$ 在 $n>1$ 时像椭圆，而在 $0<n<1$ 时，它就像是星形线了。事实上，星形线可以用超椭圆的方程定义 $x^{\frac{2}{3}}+y^{\frac{2}{3}}=1$，尽管星形线最初来自内摆线（圆内螺线，hypocycloid）。所以星形线先生是方圆形小姐的亲兄弟。

在索撒尔的笔下，方圆形小姐有一张四四方方的脸，头顶上的蝴蝶结为她有些忧郁的面庞增加了几分羞涩。而星形线先生则有一个健壮的身躯。

在本书第六章"立交桥布局中的曲线欣赏"和《数学都知道2》的第二章中都有关于超椭圆的讨论。超椭圆最早是由法国数学家加布里埃尔·拉梅提出并研究的。但真正把这个概念命名的是丹麦科学家、数学家、发明家、诗人和作家皮亚特·海恩。瑞典斯德哥尔摩原来有一个著名的长方形的广场赛格尔广场（Sergels Torg），一条马路环绕广场。圆形马路显然不符合条件，但椭圆也不合适，因为在靠近焦点的两头马路的转弯会太急促。海恩提出了超椭圆的概念并把这条马路设计成了超椭圆形。

最后看一个美女图（杨贵妃美那种）。

萨林农图（salinon diagram）是在阿基米德《引理书》（*Book of Lemmas*）中第一次提出的。这个词来自希腊语，意思是盐窖，但这个名字似乎不太好听，还是音译吧。萨林农图（如图9.23）简洁美观。阿基米德首次做出论证，盐窖形的面积恰好等于以大半圆直径中垂线介于大半圆和中间小半圆之间的线段为直径的圆面积（如图9.23）。

图 **9.23**　萨林农小姐

Q 图 9.24(a)中，最大的半圆弧和最小的半圆弧有相同的圆心。请问蓝色部分的面积是多少？类似地，求图 9.24(b)中蓝色部分的面积。这样的问题在本书第四章"《几何小吃》的简约美"中有过讨论；在那一章里，我们也更多地介绍了本题作者卡特里奥娜·希尔。

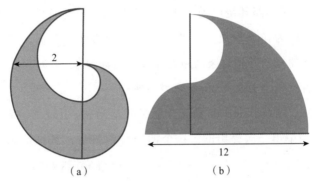

（a）　　　　　　　　　（b）

图 9.24　求阴影部分的面积

如图 9.25 本来是想留作习题的，但似乎难度大了一些。

图 9.25　逗号小姐

　　"tomoe"是日本的一种神道标志，形如逗号，翻译成中文可以是"巴"或"鞆绘"。一般来说，它多由数个同样的鞆绘组合而成。两个鞆绘组成的图案就很像是我们熟悉的太极图。三个鞆绘组成的图案则类似于韩国的三色太极。笔者在东京新宿的熊野神社就看到过这样的三鞆绘图案，当时很好奇它的意义是什么，现在看了索撒尔的这个卡通后才有了一些了解。它首先是与神道神社相关，其次它经常显示在与天照大神相关的节日横幅和灯笼上；它还含有水的意思，因为它的旋涡状图案容易让人产生联想，因而具有防火的含义。这种曲线的"鞆绘"图的来源不是很清楚。有一种说法是它来自中国的一个逗号形的珠子，象征着家庭的繁荣。如果你到日本、韩国一带旅游，可能看到的勾玉就是这种形状。1994 年在挪威举行的冬季帕拉林匹克运动会就使用了五个勾玉的符号。鞆绘图的最大特点是对称性。这种对称性有其内在的含义，代表着某种精神崇拜。Ｑ考虑一下它的尺规作图应该是一件有意思的事情。

　　Ｑ请问还有哪些几何形状值得收入这个系列中？

　　Ｑ图 9.26 是一张未完成的卡图片，请读者帮助完成。我们稍微解释一下，这里的"unicursal"的意思是一条线，"hexagram"是六角形。两个词合在一起就是一笔画六角形。显然这个六角形有别于图 9.14 中的"双三角形"。我们希望读者对这个课题作一些研究，然后把这个卡片完成。

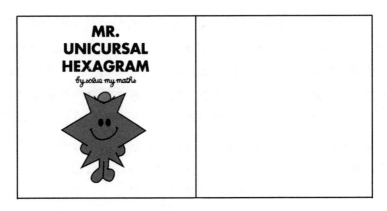

图 **9. 26** 请完成这个图片

3. 结束语

索撒尔自己也很喜欢他这个系列。笔者在与他通信时，他连忙推荐："你可以写一下我做的 Mr. Men 系列。"他甚至为孩子们准备了一个上色小图书。在这本 16 页的小书中，所有的卡通图片都只有黑色的线条。读者可以根据自己的想象任意发挥。

对于一线教学的教师们来说，更有意义的应该是那些普通的几何形状的卡通画，甚至应该是代数概念的卡通画。我们期待着有兴趣的读者可以创作出有自己特色的卡通系列，寓教于乐，让每一个学生都能喜爱数学。

对喜欢索撒尔作品的读者，我们推荐他的《几何小吃》（见本书第四章"《几何小吃》的简约美"）和 2020 年出版的《几何初步》（*Geometry Juniors*）。

参考文献

1. Edward Southall. The Maths Mr. Men Colouring Book. 私人通讯.

第十章 黄金分割、白银分割、塑胶分割及其他

"遇见数学"公众号翻译了一段国外的视频"认识黄金比例、白银比例等贵金属比例"。这个英语视频讲得很出色，加上中文字幕后应该很容易看懂，值得推荐。这些比例都是一些无理数，与 e 和 π 等著名的超越无理数不同的是，它们都是代数无理数，即与一些代数方程相关联，但似乎很多读者都仅限于对黄金比例的认识。我们今天想对这段视频作一点补充，让读者有一个更清晰的认识。

1. 从黄金分割率到白银分割率

🔷 在这一节里，我们将陈述一些关于黄金分割和白银分割的性质，但不提供证明。希望读者能够补上。

我们知道，黄金分割率（golden ratio）是两个数 a 和 b 的一个比例数值，记作 φ，如果 $\dfrac{a+b}{a}=\dfrac{a}{b}=\varphi$，容易看出，$\varphi$ 满足代数方程 $\varphi^2-\varphi-1=0$。这个方程有正、负两个实数解，其中的正解是

$$\varphi=\frac{1+\sqrt{5}}{2}=1.618\ 033\ 988\ 7\cdots。$$

它是一个无理数。有的时候，我们也把黄金分割率称为黄金比例。在下面的讨论中我们将不区分分割率和比例数。从几何上，我们可以理解黄金分割是将一个边长为 $a+b$ 和 a 的矩形，从中分割出一个边长为 a 的正方形和一个边长为 a 和 b 的矩形（如图 10.1）。

而这个矩形的长、宽之比与大矩形的长、宽之比完全相等，而且我们可以这样无限地分割下去。

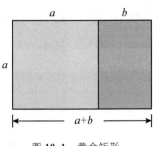

图 **10.1** 黄金矩形

按照这个思想，我们考虑长、宽分别为 $2a+b$ 和 a 的矩形(如图 10.2)。假定当我们从其中切割出两个边长为 a 的正方形后，所得的矩形的长 a、宽 b 的比正好与大矩形的长、宽比相等。这个比值 $\frac{a}{b}$ 就称为白银分割率(或白银比例，silver ratio)，记作 δ_S。于是我们有 $\frac{2a+b}{a}=\frac{a}{b}=\delta_S$。容易得到 δ_S 所满足的代数方程为 $\delta_S{}^2-2\delta_S-1=0$。这个方程有正、负两个实数解。它的正解为

$$\delta_S=1+\sqrt{2}=2.414\,213\,562\,37\cdots。$$

它也是一个无理数。

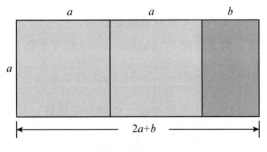

图 **10.2** 白银矩形

黄金分割率可以写成一个连分数

$$c = 1 + \cfrac{1}{1 + \cfrac{1}{1 + \cfrac{1}{1 + \cfrac{1}{1 + \cdots}}}} \circ$$

相应地，白银分割率也可以写成一个连分数

$$\delta_S = 2 + \cfrac{1}{2 + \cfrac{1}{2 + \cfrac{1}{2 + \cfrac{1}{2 + \cdots}}}} \circ$$

黄金分割率与斐波那契数列 $\{F_n\}$ 有着密切关系，这里 F_n 满足：$F_0 = 0$，$F_1 = 1$，$\cdots$，$F_n = F_{n-1} + F_{n-2}(n \geqslant 2)$。这个数列是意大利数学家斐波那契介绍到欧洲的。如果我们使用黄金分割率来表达 F_n 的话，就有

$$F_n = \frac{\varphi^n - (1 - \varphi)^n}{\sqrt{5}} = \frac{\varphi^n - (-\varphi)^{-n}}{\sqrt{5}} \circ$$

上面这个公式叫作"比内公式"(Binet formula)。澳大利亚趣味数学专家马特·帕克用这个公式定义了复斐波那契数 F_z。反之，黄金分割率可以用斐波那契数列的下列极限得到

$$\lim_{n \to +\infty} \frac{F_{n+1}}{F_n} = \varphi \circ$$

我们当然预期白银分割率也有类似的性质。事实上，与白银分割率相关的是佩尔数列 $\{P_n\}$(Pell numbers，也有人称之为白银斐波那契数列)。这个数列也是由递推关系定义的：$P_0 = 0$，$P_1 = 1$，$\cdots$，$P_n = 2P_{n-1} + P_{n-2}(n \geqslant 2)$。佩尔数列的通项可以写成

$$P_n = \frac{(1 + \sqrt{2})^n - (1 - \sqrt{2})^n}{2\sqrt{2}} = \frac{\delta_S^n - (2 - \delta_S)^n}{2\sqrt{2}} \circ$$

它的前五项是：1，2，5，12 和 29。 Q 请读者定义复佩尔数并参考帕克的方法讨论它的性质。类似地，白银分割率可以用佩尔数列的下列极限得到

$$\lim_{n \to +\infty} \frac{P_{n+1}}{P_n} = \delta_\mathrm{S}。$$

黄金分割率出现在正五边形上（如图 10.3(a) 中的五边形）。假定一个正五边形的边长为 b，对角线长为 a，那么 $\dfrac{a}{b} = \varphi$。

就像 π 是圆的固有特征一样，黄金分割比例是五重对称的固有特征。这就是为什么我们到处都可以看到五角星图案的原因。相应地，白银分割率则出现在正八边形里（如图 10.3(b) 中的八边形）。在一个正八边形里有三类对角线：短对角线、中对角线和长对角线。设正八边形的边长为 b，中对角线的长为 a，那么

$$\frac{a}{b} = \delta_\mathrm{S}。$$

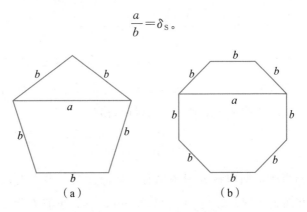

图 10.3　正五边形和正八边形

黄金分割会出现在意想不到的地方。图 10.4 中的结果说明了切割线定理与黄金分割的关系。

我们知道，切割线定理是亚历山大里亚的欧几里得在《几何原

本》中的一个结果。如图 10.4，切割线定理说的是 $a^2 = b(b+c)$。

🔲有意思的是，$a=c$ 当且仅当 $\dfrac{a}{b} = \dfrac{a+b}{a} = \varphi$。

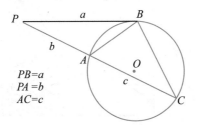

$PB=a$
$PA=b$
$AC=c$

图 10.4 切割线定理示意图

🔲在开始下一节之前，做个小题吧

$$\left(\varphi + \cfrac{1}{\varphi^{-1} + \cfrac{1}{\varphi + \cfrac{1}{\varphi^{-1} + \cfrac{1}{\varphi + \cdots}}}}\right) - \left(\varphi^{-1} + \cfrac{1}{\varphi + \cfrac{1}{\varphi^{-1} + \cfrac{1}{\varphi + \cfrac{1}{\varphi^{-1} + \cdots}}}}\right) = ?$$

答案是 φ。

2. 等角螺线

当我们谈到黄金分割时，我们常常会提到黄金螺线。黄金螺线是以黄金分割率 φ 为增长速率的一种对数螺线（也称作等角螺线）。它每转过 $90°$，就向外扩展 φ 倍。等角螺线是一种自相似的螺线（如图 10.5）。它经常出现在大自然中。等角螺线是笛卡儿率先发现的（1638 年），后来雅各布·伯努利作了更深入的研究。

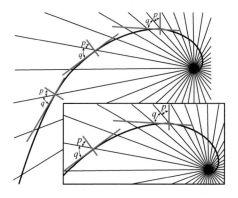

图 10.5   等角螺线和俯仰角

研究等角螺线时，人们往往采用极坐标方程

$$\rho(\theta) = \alpha e^{\beta\theta} \ \text{或} \ \theta = \frac{1}{\beta}\ln\frac{\rho}{\alpha}。$$

注意这里的 α 和 β 是任意的两个非零参数，$\alpha > 0$。之所以把这条曲线称为等角螺线是因为这条曲线上每一个点的切线与这个点和原点的连线都呈一个固定的角度 q。这一点可以从下面的计算看出，当 $\beta \neq 0$ 时，

$$\cos^{-1}\frac{\langle\rho(\theta), \rho'(\theta)\rangle}{\|\rho(\theta)\| \cdot \|\rho'(\theta)\|} = \tan^{-1}\frac{1}{\beta} = q。$$

这个公式的计算涉及微积分。我们可以不去管它。图 10.5 显示了在不同点上的 q 的值是相同的。函数 $\rho(\theta)$ 的导数与参数 β 成正比。这说明它与螺线的发散快慢及方向紧密相关。当 $\beta = 0$ 时，$q = \frac{\pi}{2}$。螺线成了一个圆。当 β 趋向无穷大时，$q \to 0$，螺线舒展成一条射线。角 q 的余角 p 叫作俯仰角（pitch angle）。作这方面研究的人员通常用俯仰角来描述螺线伸展开来的性质。可以计算黄金螺线的俯仰角大约是 $17°$，白银螺线的俯仰角大约是 $29°$。

用计算机软件可以画出任何参数的等角螺线。我们也常常用斐波那契来近似黄金螺线。从一个满足黄金分割的矩形出发，依次截出矩形，然后在截出的矩形里画出四分之一圆，就得到一条近似的黄金螺旋。我们称之为斐波那契螺线（如图 10.6）。

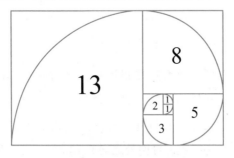

图 **10.6**　黄金螺线

题 在图 10.6 中我们继续作分割无穷尽地进行下去，小矩形会收敛到哪个点？

回到白银分割，我们也可以用这个办法画出白银螺旋。为此，我们需要将前面构造白银分割的矩形作一点修改（如图 10.7）。

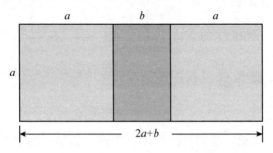

图 **10.7**　白银矩形的另一种分割方法

我们看到，这一次，我们将切割下来的两个正方形分放在两边。于是我们就可以作出两条白银螺线（如图 10.8）。

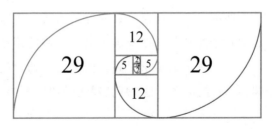

图 10.8　白银螺线

　　把两个正方形分放两边使得图片具有对称美，但其思路并不自然。按我们一开始的切割法也可以得出一条螺线，但那样的曲线会非常难看。我们需要另开辟思路。让我们再回到黄金分割螺线上。它的本质其实是：每向外逆时针转 $90°$，它的半径 r 就增加到原来的 φ 倍；或者反过来说，每顺时针转 $90°$，它的半径 r 就减少到原来的 $\dfrac{1}{\varphi}$ 倍（或者说 φ 分之一）。假定最大的正方形的边长为 1，那么下一个次小的正方形的边长就是 $\dfrac{1}{\varphi}$，再下一个次小的正方形的边长就是 $\dfrac{1}{\varphi^2}$，如图 10.9 所示。

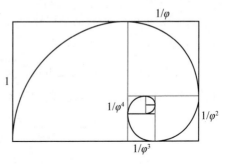

图 10.9　再看黄金螺线

　　按这个思想，我们可以作出一条近似的单一白银曲线来：如果第一个大正方形的边长为 1，那么下一个的边长为 $\dfrac{1}{\delta_{\mathrm{S}}}$，再下一个的边长为 $\dfrac{1}{\delta_{\mathrm{S}}^2}$，以此类推，见图 10.10。我们得到的是上面的两条

（近似）白银螺线中的一支。

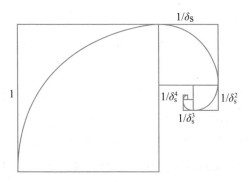

图 10.10　再看白银螺线

在极坐标系里，黄金螺线的方程可以写成 $\rho = \varphi^{\theta\frac{2}{\pi}}$。同样地，白银螺线的极坐标方程是 $\rho = \delta_{\mathrm{s}}^{\theta\frac{2}{\pi}}$。

下面介绍 Ge◇Gebra 上的丹尼尔·门特拉德的两个作品：斐波那契大象和斐波那契小猫（如图 10.11）。

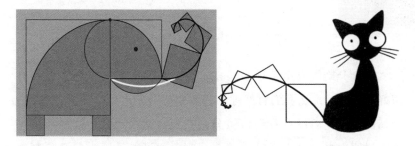

图 10.11　斐波那契大象①和斐波那契小猫②/Ge◇Gebra

把两个黄金螺线对称地放在一起，我们就得到一颗心脏。

---

①　https：//www. geogebra. org/m/jbm6gmcb.

②　https：//www. geogebra. org/m/dcgvactc.

GeoGebra上有一个小程序"斐波那契螺旋跳动的心脏"(Fibonacci Spiral Beating Heart)。

应该指出，大自然中的很多螺线并不都是黄金螺线。比如有些文章说鹦鹉螺是黄金螺线，其实这是错误的。鹦鹉螺的扩展大约是 1.87，离 1.618 有 1.9% 的误差。银河系是另一个例外。银河系的旋臂扩展的俯仰角大约是 12°。这种螺线对应于下一节我们将谈到的东方分割率（或者，我们更愿意称之为东方比例）。再比如，游隼（peregrine falcon）在盯住目标时的盘旋的轨道是一条等角螺线，其俯仰角大约是 50°。

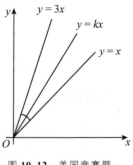

图 **10.12**　美国竞赛题

⬡题图 10.12 是 2021 年美国 AMC12A 的一道题。在第一象限中有两条射线 $y = 3x$ 和 $y = x$。另有射线 $y = kx$ 是它们的角平分线。求 k。

3. 黄金分割和白银分割的应用

黄金分割的应用有很多很多，在大自然中和艺术创作中都有很好的体现。那么我们自然地会想到白银分割有什么实际意义呢？遗憾的是，我们没有看到白银分割在大自然中出现。这也从另一方面说明大自然是多么钟爱黄金分割。这可能是因为黄金分割在自我复制的过程中更简单一些。

我们将在贵金属分割时介绍一个不常见的黄金分割的应用例子。在这一节里，我们只简单谈一谈建筑与黄金分割和白银分割的联系。我们将会看到这是东西方文化中应用黄金分割与白银分割的一个重要差别。在展开讨论之前，我们也必须告诉读者，并不是所有人都同意这样的分析。在他们看来，有些事情只是巧合，而且没有得到证实。我们本着兼听则明的态度来讨论吧。

在西方，甚至在古埃及、古希腊和古印度等地，黄金分割的使用是比较明显的。我们可以说，那时候人们就在自觉地采用这个比例。达·芬奇和卢卡·帕西奥利共同完成的《神圣比例》(*Divina proportione*)一书中，专门讨论了比例在建筑、艺术、解剖学和数学中的作用。黄金分割的选择除了它的美感外，也在于它的简单。我们常说简约之美，揭示了二者的关系。这个过程可以从图 10.13 表达出来：

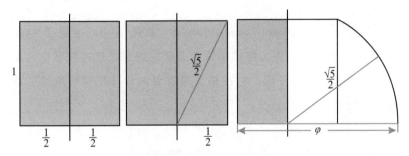

图 **10.13** 黄金分割的简约之美

在没有现代测量手段的古代，这样简单的方法方便了人们在建筑中掌控尺寸。所以黄金分割出现在建筑中也就不足为奇了。下面我们来欣赏一些具有黄金分割比的建筑。

埃及胡夫金字塔(Pyramid of Khufu，如图 10.14)建于公元前 2560 年前后。人们在其结构中不仅发现了黄金分割比，还发现了圆周率和勾股定理。这与我们前面介绍的黄金分割比的作图不谋而合。现在研究人员无法找到确凿的证据说明古埃及人自觉运用了黄金分割比，但人们在更多的埃及金字塔中也发现了这个比率。这很难说是巧合吧。

图 **10.14** 埃及胡夫金字塔/维基百科

巴黎圣母院（Notre-Dame de Paris，如图 10.15）建造于 1163 年到 1250 年间。根据哥特式建筑方面研究的专家弗雷德里克·麦克迪·隆德的研究发现，它在几个最重要的设计比例中用到了黄金分割比。

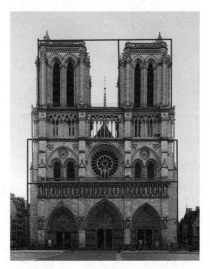

图 **10.15** 巴黎圣母院/维基百科

类似的例子还有印度泰姬陵(Taj Mahal)、突尼斯凯鲁万大清真寺(The Great Mosque of Kairouan)、印度尼西亚的婆罗浮屠佛塔(Stupa of Borobudur)、加拿大多伦多电视塔、上海的东方明珠广播电视塔等。也有人认为故宫里也有黄金分割比，但似乎这个说法有些勉强。著名建筑历史学家傅熹年对故宫里的建筑详细地进行了研究，他发现建筑的长、宽比例有 $11:6$ 和 $9:5$ 两种，其中最多的是 $9:5$，这显然是出于帝王九五之尊的说法。

再来看白银分割。人类对白银分割并不乏爱。我们先来看国际间最常使用的 ISO 纸张尺寸。其中的 A4 中就包含着白银分割率。A4 纸的长、宽比例是 $\sqrt{2}:1$（精确地说是 $297.25:210.25=1.413\,793\,103$）。这个比例的矩形也叫作"A4 矩形"（如图 10.16）。

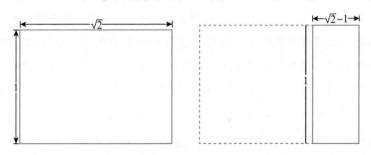

图 10.16　A4 矩形　　　图 10.17　从 A4 矩形中切除一个最大正方形

从 A4 纸中剪去一个最大的正方形后，我们得到一个长、宽比为 $1:(\sqrt{2}-1)=(\sqrt{2}+1):1$ 的矩形（如图 10.17）。注意白银分割率出现了。我们把具有白银分割率的矩形叫作"白银矩形"。因为 $1:(\sqrt{2}-1)=(\sqrt{2}+1):1$，我们可以把图 10.17 中右边的白银矩形转动 $90°$，并把宽扩大到 1，同时按同样比例把长扩大到 $\sqrt{2}+1$。

从这个白银矩形中剪掉一个最大正方形后，我们又得到一个具有长、宽比为 $\sqrt{2}:1$ 的 A4 矩形（如图 10.18）。这个过程无限继续下去，我们就交替得到 A4 矩形和白银矩形。不知道是不是因为这个原因，也有人把 $\sqrt{2}$ 称作白银分割率，但这个定义与本章的定义

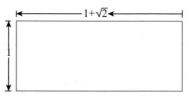

图 **10.18** 白银矩形

不同。（事实上，所有的 A 系列纸的长、宽都具有这个比例。这是一个国际通用的标准，但北美例外，显然是因为美国使用自己的标准。）

为了区别前面的白银分割率 $1+\sqrt{2}$，西方有时也把 $\sqrt{2}$ 叫作日本分割率。这来自他们对日本文化中这个比例的了解。其实这个名字不太合适，因为在中国和韩国，人们也早就对这个数字情有独钟。德国哲学家和实验心理学家费希纳曾经作过一个统计实验，考察不同文化背景的人们对矩形长、宽比例的爱好。他发现在西方，人们更喜欢 $1.618:1$。韩国人作了一个相应的实验并发现韩国人更喜欢 $1.414:1$。定林寺（Chongnimsa）和感恩寺（Kamunsa）的佛塔设计中就使用了 $\sqrt{2}$ 比例。韩国人还研究发现，这个结果是由于朝鲜民族受到了来自中国佛教的影响以及《九章算术》和《周髀算经》的传入。

中国早在五千多年前的红山文化时期就有了使用勾股数的痕迹。清华大学的王贵祥对中国古代建筑专门作了研究。他著有《中国古代木结构建筑比例与尺度研究》，分析了 $\sqrt{2}$ 在中国古建筑中的重要地位。他发现具有这个比例的建筑有：山西南禅寺大殿、河北阁院寺大殿、天津独乐寺山门、山西榆次雨花宫、浙江报国寺大殿、辽宁奉国寺大殿、山西晋祠圣母殿副阶、天津宝坻广济寺

三大士殿、河北开善寺大殿、河北隆兴寺牟尼殿副阶、河北牟尼殿龟头殿、山西应县木塔副阶、山西青莲寺中殿、山西佛光寺文殊殿、山西崇福寺弥陀殿、山西善化寺三圣殿、山西晋祠献殿、山西平遥文庙大成殿、山西普贤阁上层外檐和山西应县木塔四层外檐的檐高与柱高的关系，在 $1.41(\sqrt{2})$ 上下浮动。以山西佛光寺文殊殿（如图 10.19）为例，以佛光寺大殿的总高为边长作一个正方形，再以它的对角线作一条弧线，刚好是它总宽的一半。清华大学的王南一句话说出了其根源："所谓的黄金分割是西方建筑美的密码，它造成了帕提农神庙一种永恒的和谐；中国古人则用天圆地方的这种观念来建造出佛光寺大殿这样的建筑，同样达到了和谐完美的境地。"相信在中国的庙宇建筑中应该有很多 $\sqrt{2}$ 的比例吧。因此，我们认为把 $\sqrt{2}$ 称为东方分割率更为合适。

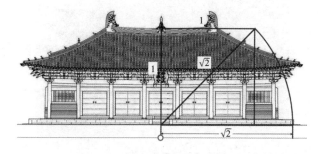

图 **10.19** 山西佛光寺文殊殿/王南

回到日本文化的考察上，去过日本的读者可能会注意到，日本的建筑大多不符合黄金分割率。这是因为日本人更喜爱 $\sqrt{2}$ 分割率。传统日本建筑中最著名的应该是位于日本奈良的法隆寺

（Hōryū-ji，如图 10.20①）。这是一个圣德太子于飞鸟时代（约 607 年）建造的佛教木结构寺院。法隆寺占地面积约 18.7 万平方米。法隆寺西院保存了金堂和五重塔。两个建筑中都有 $\sqrt{2}$ 比例出现。在日本的现代建筑中，著名的东京晴空塔（Tokyo Skytree）也具有这个比例。笔者不知道日本古建筑是否受到了中国古建筑的影响。在梁思成和他的同事们发现了唐朝建筑佛光寺的 1937 年之前，甚至有日本学者声称过："中国大地上没有唐代木结构建筑，没有一千年以上的木构建筑，如果想看唐朝建筑必须去日本。"但这种说法本身也反映了中国建筑文化对日本的影响。我们猜测，日本的建筑的比例实际上可能也源于中国。

图 10.20　日本奈良法隆寺中的金堂和五重塔/板原村

　　我们前面说过，白银分割存在于正八边形中，所以任何具有正八边形的建筑都体现着白银分割。这样的建筑在世界各地都有很多。位于希腊雅典古罗马阿哥拉的八角形大理石钟塔"风之塔"、

① 　https：//ameblo.jp/itaharamura17/entry-12491677271.html

中日韩寺庙里的石塔和木塔、法隆寺里的梦殿、耶路撒冷最著名标志之一圆顶清真寺的主题结构等。图 10.21 是建于辽代的中国第一木塔佛宫寺释迦塔，俗称应县木塔。它不仅从平面上表现出(近似)正八边形，而且从纵向看也有$\sqrt{2}$比例。我们在图 10.21 的左上角放了一个木塔的八边形地基图。在八边形中加上了一道中对角线，这样可以清楚地使人看到边长与塔的宽度之间的白银比例关系。据王南解释，中国古代匠人有一句口诀叫方五斜七。就是说当正方形边长是 5 时，对角线约等于 7。而$\sqrt{2}$约等于 7 除以 5，即 1.4。

图 10.21　应县木塔/维基百科

题思考一个问题吧：比较正五边形和正八边形的尺规作图，并由此比较黄金比例和东方比例的优缺点。

4. 塑胶比例与建筑

黄金比例和东方比例并不是建筑设计中的唯一选择。我们在这里暂时放下我们的主题而介绍一个塑胶比例及其在建筑设计中的应用。

所谓塑胶数（plastic constant）是指代数方程 $x^3 = x + 1$ 的唯一实数解

$$\rho = \sqrt[3]{\frac{1}{2} + \frac{1}{6}\sqrt{\frac{23}{3}}} + \sqrt[3]{\frac{1}{2} - \frac{1}{6}\sqrt{\frac{23}{3}}} = 1.324\ 717\ 957\cdots$$

显然，像白银比例一样，塑胶比例也是黄金分割的一个推广。白银比例是一种在平面上的推广，而塑胶比例则是一种向空间的推广，因为它的方程中出现了三次方。为了更直观地看到这一点，让我们看图 10.22(a)和图 10.22(b)。在图 10.22(a)中，我们看到的是黄金比例使得两个矩形中的三个顶角共线；图 10.22(b)表示的是塑胶比例使得两个立方体的三个顶角共线。所以，塑胶比例是黄金比例在三维空间的推广。

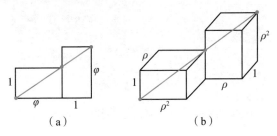

图 10.22　比较黄金比例和塑胶比例

让我们再从另一个角度来比较黄金比例和塑胶比例。

如图 10.23(a)，给一条线段 AB，将 AB 按黄金分割的比例在中间加一个点 C，使得 $CB : AC = \varphi$。然后在大的子区间 CB 上再次按黄金分割加一个点 D，使得 $CD : DB = \varphi$。这时，我们发现 $AC = CD$。现在我们把这四条线段按长度排序，就得到了图 10.23(b)，

其中有 $\dfrac{AB}{BC}=\dfrac{BC}{CD}$ 和 $AC=CD$。也就是说，我们得到了对称的两个点（或者说两条线段）。从建筑学的角度来说，这不一定是一件好事，因为建筑师追求的是和谐与相似。

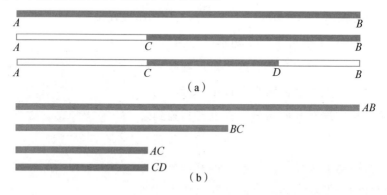

图 **10.23** 黄金比例分割出相等线段

现在让我们重复上面的步骤，如图 10.24(a)，将线段 AB 按塑胶分割的比例在中间加一个点 C，使得 $CB:AC=\rho$。然后在大

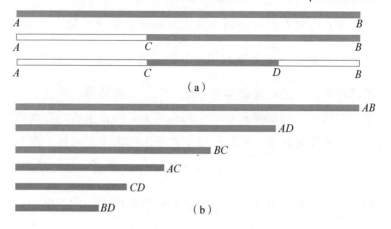

图 **10.24** 塑胶比例分割出成比例线段

的子区间 CB 上再次按塑胶分割加一个点 D，使得 $CD：DB=\rho$。我们看到，这时 $AC\neq CD$。我们把全部六条线段按长短排列出来（如图 10.24(b)），我们发现 $\dfrac{AB}{AD}=\dfrac{AD}{BC}=\dfrac{BC}{AC}=\dfrac{AC}{CD}=\dfrac{CD}{BD}$。从和谐的角度来看，这个结果比黄金分割给出的结果好多了。

图 10.1 给出了黄金矩形。作为对照，图 10.25 是塑胶矩形。这个矩形看起来似乎没有那么美妙，因为它过于"肥胖"。不过，从建筑学方面来看，它也有其独到之处。事实上，塑胶数是 1928 年由一位荷兰本笃派教士建筑学家汉斯·范德兰从建筑设计的角度提出的。我们不知道他为什么

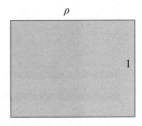

图 **10.25**　塑胶矩形

用了塑胶数这个名字。可能范德兰当时感觉到了第一次世界大战后，化学技术的进步导致了新型塑料的爆炸式增长，特别是德国人开发的聚苯乙烯(PS)和聚氯乙烯(PVC)。

范德兰认为人们在心理上其实是按这个数来为物品分类的。当然人们不会把一个无理数用于日常。他用的是一个近似值 $\dfrac{4}{3}$。

他的思路是这样的：假如你有一堆大大小小的圆圈，你可以按半径给它们排序。但如果你想把它们分为大、中、小类，那么两个圆相差多大你就认为它们应该属于两个不同的类呢？这个问题大概属于心理学的范畴。范德兰请人作了一个实验。他的结论是，当两个圆的半径比值大于 $\dfrac{4}{3}$ 时，它们就应该属于不同的两类；当两个圆的半径相差不大于 $\dfrac{1}{7}$ 时，它们就应该属于同一类。所以给

定一条水平线段，把它七等分，那么从左边数在第 4 个结点上把这条线段分为两节，那么就相当于用塑胶比例进行划分了。

范德兰用这个思想建造了许多建筑。见图 10.26 是他在 1967 年为荷兰的圣本尼迪克图斯贝格修道院（St. Benedictusberg Abbey）设计的教堂。

另一个更精彩的作品是他设计的罗森堡修道院（Roosenberg Abbey）的入口。这个修道院在比利时。

图 **10.26**　圣本尼迪克图斯贝格修道院的教堂内部/维基百科

让我们再看几个塑胶比例的性质。塑胶比例也可以写成连分式，但其结果并不漂亮。如果用连根式的话，就漂亮多了

$$\rho=\sqrt[3]{1+\sqrt[3]{1+\sqrt[3]{1+\sqrt[3]{1+\cdots}}}}\,。$$

能有比这个更简单的连根式吗？那就是

$$\varphi=\sqrt{1+\sqrt{1+\sqrt{1+\sqrt{1+\cdots}}}}\,。$$

黄金比例可以生成黄金螺旋，而塑胶比例也可以生成一个封闭的螺旋。见图 10.27，假定中间的等边三角形的边长为 6，在它

边上的三个灰色等边三角形的边长为 $\dfrac{6}{\rho} \approx 4.529\,266$，它们周围的

三个浅灰色的等边三角形的边长为 $\dfrac{6}{\rho^2} \approx 3.419\,041\,7$，依此类推，

无限次地进行下去。这些三角形就形成了三个螺旋并覆盖了整个
区域。

还有一个用边长按塑胶比例缩小的正方形系列作成的正方形向内螺旋的方法。这种方法也很有趣。图 10.27 是一个螺线密铺的例子。微信公众号上有一篇文章"三角形的对数螺线密铺"，其中有更多的例子。

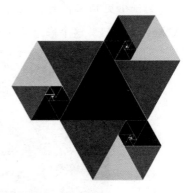

图 **10.27** 塑胶螺旋三角

Q 给定一个正方形。请问如何能把它划分为三个相似的矩形？

答案是一共有三种方法。其中之一就要用到塑胶比例 ρ（准确地说是 ρ^2）。我们把细节留在图 10.28 里。

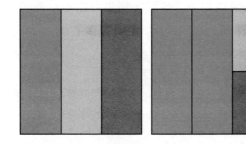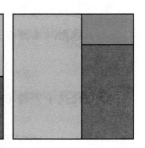

图 **10.28** 把一个正方形划分成相似矩形的三种方法

建筑风格是百花齐放的。黄金比例、白银比例和塑胶比例是其中的几个重要的例子。奇妙的是，它们在一组简单的代数方程下达到了统一。这就是数学的力量。

5. 黄金三角形和黄金角

类似于黄金矩形，我们自然会想到会不会也有黄金三角形。其实不但有，而且还有不同的几种黄金三角形。我们简单介绍一下。

最常见的黄金三角形定义是"腰与底边的比值等于黄金比例的等腰三角形"（如图 10.29(a)）。它的顶角是 36°，两个底角是 72°。黄金三角形是唯一满足三个内角的比例为 2：2：1 的三角形。通过黄金三角形作出等角螺线，方法是不断地作出 72°底角的平分线，通过连接作出的小黄金三角形的两个底端点便可以看到其中蕴含的等角螺线。类似地，我们也可以把黄金三角形定义为"底边与腰的比值等于黄金比的等腰三角形"。它的顶角是 108°，两个底角是 36°。也有人把它称为黄金磬折形（golden gnomon）（如图 10.29(b)）。

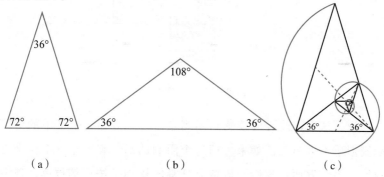

（a）　　　　　　（b）　　　　　　（c）

图 **10.29**　黄金三角形及由其衍生出来的等角螺线

　　一组锐角黄金三角形经过折叠就可以得到一个钝角黄金三角形（如图 10.30）。

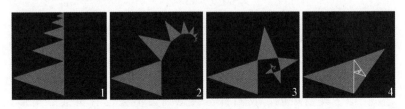

图 **10.30**　锐角黄金三角形和钝角黄金三角形的转换

　　自然界里一目了然的黄金三角形不容易找到。富于想象的读者可以联想到十花瓣的花及海星。

　　与黄金分割率有关的另一个例子是开普勒三角形（如图 10.31）：三条边的比为 $1 : \sqrt{\varphi} : \varphi$ 的直角三角形。这是开普勒在给他的老师的信里提到的。开普勒认为，几何学有两个宝：勾股定理和黄金分割。我们不作深入讨论。

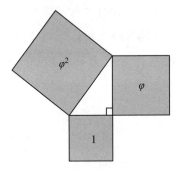

图 **10.31**　开普勒三角形

　　说到这里，读者应该感到不满意了。一方面，定义中的等腰限制似乎不太自然。如果去掉这个限制的话，有不止一个黄金三角形。另一方面，我们知道黄金分割的核心是按比例放缩。连分数的表达式正反映了这个事实。但上面的讨论只是硬性地规定了某种特殊三角形的边的比例。让我们再回过头来讨论前面的黄金三角形。从一个黄金三角形去掉一个黄金磬折形，我们又得到了一个黄金三角形。如果原黄金三角形的面积是 φ，那么黄金磬折形的面积是 1。这个过程可以继续进行下去，就像我们前面对黄金矩形作分割一样。由此我们可以再次得到 φ 的连分数

$$\varphi = 1 + \cfrac{1}{1 + \cfrac{1}{1 + \cfrac{1}{1 + \cfrac{1}{1 + \cdots}}}}。$$

Q 从黄金矩形和黄金三角形中反复切割以得到同样的形状。按照这个思路，我们还可以考虑两类黄金三角形：一类是沿边切割的黄金三角形，另一类是以角切割的黄金三角形。同时满足这两类切割的黄金三角形只有一个。

我们不深入介绍这方面的研究。但注意到，Q 这个思路可以帮助将它推广到白银三角形和贵金属三角形。

除了黄金三角形，还有黄金角。把一个圆周 c 按黄金比例分成两段，即 $c = a + b$（不妨假定 $a > b > 0$），且 $\dfrac{a+b}{a} = \dfrac{a}{b} = \varphi$。连接圆心和两段圆弧的切割点，我们得到两个圆心角：大弧长所对应的圆心角约为 $222.49°$，而小弧长所对应的圆心角约为 $137.51°$，称为黄金角（如图 10.32）。以弧度表示，黄金角为 $\dfrac{2\pi}{\varphi^2}$。

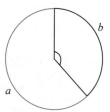

图 **10.32** 黄金角

自然界中有很多黄金角的例子。最特别的一个是松果，它上面有左旋和右旋的阿基米德螺线，这些螺线的相邻交点的角度为黄金角。再比如，植物的叶子会伸向不同的方向使得每一片叶子都能最大程度地受到阳光的照耀。这个最佳的位置就是黄金角。

6. 贵金属分割率

了解黄金分割率和白银分割率的定义和性质之后，我们自然会问，这个思想能不能推广。答案是肯定的，但并不是所有的性质都可以得到。

先从我们前面采用的定义开始。如图 10.33，考虑长、宽分别为 $3a+b$ 和 a 的矩形。假定当我们从其中切割出三个边长为 a 的正方形后，所得的矩形的长 a、宽 b 的比正好与大矩形的长、宽比相等。这个比值 $\dfrac{a}{b}$ 就称为青铜分割率（bronze ratio）。这个比例数没有一个公认的符号，但为了统一起见，我们把这个比例数记作 ψ_3。同时，我们记 $\psi_1 = \varphi$，$\psi_2 = \delta_S$。

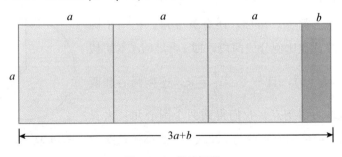

图 **10.33**　青铜矩形

一般地，假定我们有一个长、宽分别为 $ma+b$ 和 a 的矩形，这里 m 是一个正整数（或者自然数）。假定当我们从其中切割出 m

个边长为 a 的正方形后，所得的矩形的长 a、宽 b 的比正好与大矩形的长、宽比相等。这个比值 $\dfrac{a}{b}$ 就称为第 m 贵金属分割率（metallic ratio），记作 ψ_m。相应的矩形叫作第 m 贵金属矩形。我们有

$$\psi_m = m + \cfrac{1}{m + \cfrac{1}{m + \cfrac{1}{m + \cfrac{1}{m + \cdots}}}} = \frac{m + \sqrt{m^2 + 4}}{2}。$$

它是方程 $\psi_m{}^2 - m\psi_m - 1 = 0$ 的正实数解。这组数如表 10.1。

表 10.1　贵金属比例一览表

m	ψ_m	数值	名称	m-斐波那契数列		俯仰角
0	$\dfrac{0+\sqrt{4}}{2}$	1				
1	$\dfrac{1+\sqrt{5}}{2}$	1.618 033 989	黄金比例	斐波那契数列 OEIS①：A000045	0，1，1，2，3，5，8，13，21，34，…	17°
2	$\dfrac{2+\sqrt{8}}{2}$	2.414 213 562	白银比例	佩尔数列 OEIS：A000129	0，1，2，5，12，29，70，169，408，…	29°
3	$\dfrac{3+\sqrt{13}}{2}$	3.302 775 638	青铜比例	OEIS：A006190	0，1，3，10，33，109，360，1 189，…	37°
4	$\dfrac{4+\sqrt{20}}{2}$	4.236 067 978	纯铜比例	OEIS：A001076	0，1，4，17，72，305，1 292，…	42°
5	$\dfrac{5+\sqrt{29}}{2}$	5.192 582 404	镍金比例	OEIS：A052918	0，1，5，26，135，701，3 640，…	46°
6	$\dfrac{6+\sqrt{40}}{2}$	6.162 277 660	铝金比例	OEIS：A005668	0，1，6，37，228，1 405，8 658，…	49°

---

① The On-Line Encyclopedia of Integer Sequences. 整数数列线上大全.

m	ψ_m	数值	名称	m-斐波那契数列	俯仰角
7	$\dfrac{7+\sqrt{53}}{2}$	7.140 054 945	OEIS：A054413	0，1，7，50，357， 2 549，18 200，…	
8	$\dfrac{8+\sqrt{68}}{2}$	8.123 105 626	OEIS：A041025	0，1，8，65，528， 4 289，34 840，…	
9	$\dfrac{9+\sqrt{85}}{2}$	9.109 772 229	OEIS：A099371	0，1，9，82，747， 6 805，61 992，…	
⋮					
m	$\dfrac{m+\sqrt{m^2+4}}{2}$			m-斐波那契数列	

除了前面的三个贵金属分割率以外，后面的都没有一个统一的名称。有人把第 4，5，6 种比例称作 copper ratio，nickel ratio 和 aluminum ratio，我们试着把它们翻译成纯铜、镍金和铝金比例。我们从上面的表中可以看到，游隼遵循的螺线近似铝金螺线。东方比例（日本比例）生成的螺线的俯仰角大约是 12°。我们没有把这个特殊情况列入表中。但不管是什么样的螺线，等角螺线都有一个共同的特点：自相似性。当我们考虑生物的生长时，这个特点可以使得其生长更为有效。

在艺术创作中也有这种表现。比如，日本著名版画"神奈川冲浪里"的大浪就是一个很好的例子。这幅作品在互联网上很容易找到。Q 读者不妨找一找画中的黄金比例。

另外，黄金数（第 1 贵金属数）是斐波那契数列相邻两项的比的极限，白银数（第 2 贵金属数）是佩尔数列相邻两项的比的极限；

一般地，也存在以第 m 贵金属数为相邻两项的比的极限的数列 $\{M_k\}$。它满足递推关系：

$$M_0=0, M_1=1, \cdots, M_{k+2}=mM_{k+1}+M_k。$$

有人把这个数列叫作 m-斐波那契数列（m-Fibonacci sequence）。

人们已经对黄金比例有了非常广泛的研究。我们在本章中列举的只是其中一小部分。有兴趣的读者可以继续找出这些性质并加以推广。

注意有些性质是无法推广的。比如，虽然黄金分割和白银分割分别与正五边形和正八边形的对角线相关联，但有一位西班牙数学老师宣布他证明了没有任何正多边形的一条对角线和边的比值等于青铜比例。对其他贵金属，我们还不知道其结论。有很多人作了大量的数值计算。他们的结果中还没有找到除了黄金比例和白银比例之外的任何结果。寻找还在继续。有人认为，可以把寻找的范围缩小到可以用尺规作出来的那些正多边形。人们为这样的正多边形起好了名字：贵金属多边形。还有人认为，不应该限制它是一条对角线和一条边的比值。$\boxed{Q}$ 那么可以问：有没有这样的多边形呢？这些都还是未解决的问题。

$\boxed{Q}$ 还有哪些性质可以推广或不能推广，我们把工作留给读者来完成。

7. 一个贵金属分割率应用的例子

在日常生活和工业中有许多搅拌液体的例子，在厨房里搅拌鸡蛋、搅拌蛋糕粉、搅拌咖啡，在工业界搅拌水泥、搅拌液体状的玻璃，等等。让我们以玻璃为例，当工厂里生产玻璃的时候，它是处于熔化状态的，它的成分和温度的分布都不均匀。这种不均匀状态是不利的，因为这样制作出来的玻璃的质量会很差。而人的眼睛很难发觉这些微小的差异。显然，玻璃液浆必须在温度降低下来之前搅拌均匀。然而，玻璃液浆很难搅拌，因为它的黏性太大。所以人们必须制作一种能够自动搅拌的机器，让搅拌棍能在理想的速度和路径中工作。这是数学家可以帮忙的地方。

为了寻找最优的设计，数学家首先需要量化搅拌棍的做功。这个量就是"拓扑熵"（topological entropy）。这是一个几何性质。可以证明，当拓扑熵为正的时候，整个所考虑的区域里就会出现混沌现象，而这是我们所期待的。这部分内容比较高深一些。为简单起见，让我们考虑一个二维的圆盘。在这个圆盘中有具有黏性的液体和一些用于搅拌的搅拌棒。我们希望这些搅拌棒有规律地动起来，而且它们之间互不干扰。当然这样的规律有很多种。我们希望选择其中一个使得它的拓扑熵达到最大值。图 10.34 是一个具有四根搅拌棒的圆盘，它们的搅动带动了整个液体的位移并最终形成混沌状态。换句话说，这个系统具有正的拓扑熵。

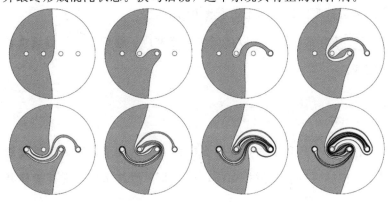

图 **10.34**   搅拌棒进行编织运动/蒂夫和芬恩

　　现在我们加上一个纵向的时间轴以便于我们看到这四根搅拌棒随时间的位移。它们之间的互动就像编辫子一样，而且它们的移动形成了一个数学上的群（Group），我们把它称为"辫子群"。图10.35就是加上纵向的时间轴以后的四根搅拌棒的搅拌轨迹。注意其中每一个水平平面都代表着一个时间瞬间。我们可以看到黏性液体随这些搅拌棒移动的轨迹。

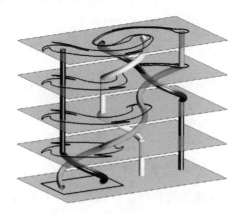

图 **10.35**　四根搅拌棒的轨迹/蒂夫和芬恩

　　在这些搅拌棒里，每两根相邻的搅拌棒是一个混沌的生成子（generator）。如果一个生成子做顺时针运动，我们记它为 σ；反之，如果是逆时针运动，则记为 σ^{-1}。采用这样的记号是因为辫子群满足群的性质，而顺时针运动正好是逆时针运动的逆算子。在图10.35中有四根搅拌棒的系统里，从最下面一层开始，最左边的一对搅拌棒为一个生成子。因为当它们从第一层进到第二层时的相对运动是顺时针的，我们记为 σ_1。再看第二层的由浅蓝色和银灰色搅拌棒组成的生成子，它们从第二层到第三层的相对运动是逆时针的，所以第二对记为 σ_2^{-1}。依次类推，从第三层到第四层是第三对生成子，记为 σ_3（顺时针），从第四层到第五层是第四对，它与第二对是相同的，记为 σ_2^{-1}（逆时针）。所以这四根搅拌棒的作用在辫子群的群作用的意义下就是 $\sigma_1\sigma_2^{-1}\sigma_3\sigma_2^{-1}$。如果对 σ 来说连续有两根相同的搅拌棒，我们可以记作 σ^2。同样地，如果连续有 m 根相同的搅拌棒对的话，我们可以记作 σ^m。这里的记号都是群论中的标准记号。如果读者没有这方面的背景知识，可以忽略这一段。下面我们可以叙述我们关心的结果了。

在一个有三根搅拌棒的系统里，产生最大拓扑熵的是 $\sigma_1\sigma_2^{-1}$，它的每一个生成子的拓扑熵为 $\ln\dfrac{\sqrt{5}+1}{2}$。所以，这个系统的拓扑熵为 $\ln\left(\dfrac{\sqrt{5}+1}{2}\right)^2=\ln\dfrac{\sqrt{5}+3}{2}$。注意这里的 $\dfrac{\sqrt{5}+1}{2}$ 正好就是黄金分割率。有人把这个系统叫作"黄金辫"（golden braid）。

那么在一个有四根搅拌棒的系统里呢？上面的例子中单个生成子的拓扑熵还是 $\ln\dfrac{\sqrt{5}+1}{2}$，总的拓扑熵为

$$\ln\left(\frac{\sqrt{5}+1}{2}\right)^4=\ln\frac{3\sqrt{5}+7}{2}。$$

不过当 $n>4$ 时人们猜测，单个生成子的拓扑熵都小于黄金分割率的自然对数，除非这个系统可以退化成平凡的或上面的 $n=3$ 或 $n=4$ 的情形。最优的系统还没有找到，但凭直觉应该是顺时针和逆时针交换出现的那种。最后让我们考虑 $\sigma_1^m\sigma_2^{-m}$。它的总拓扑熵是

$$\ln\frac{m+\sqrt{m^2+4}}{2}。$$

这里出现了贵金属率。更多的细节可见参考文献 4。这个例子就介绍到这里。

题·灯谜①：七嘴八舌——打两字数学名词。

8. 其他

在上面的讨论中，除了贵金属系列外，我们还看到一个东方比例（日本比例）。这样的比例数还有很多。我们在这一节里就介绍一些这样的比例数。

第一个要介绍的是超金比例（supergolden ratio）。"supergolden"这个词似乎还没有中文翻译。我们仅按英文字面意思翻译成了"超金"。超金比例是

$$\psi = \frac{1 + \sqrt[3]{\dfrac{29 + 3\sqrt{93}}{2}} + \sqrt[3]{\dfrac{29 - 3\sqrt{93}}{2}}}{3} = 1.465\ 571\ 23\cdots$$

它是方程 $x^3 = x^2 + 1$ 的唯一实数解。与超金比例相关的是纳拉亚纳之牛（Narayana's cows）数列。传说，14 世纪印度数学家纳拉亚纳·班智达曾提出过一个与斐波那契"兔子问题"很相像的"母牛生小牛问题"：每一头牛在第四年开始才有一头小牛，而且其每一个后代都满足这个规律。这个数列在 OEIS 中是 A000930。它的前若干项是

———————

① 天津刘瑞祥提供。

1，1，1，2，3，4，6，9，13，19，28，41，60，88，129，189，277，
406，595，872，1 278，1 873，2 745，4 023，5 896，8 641，
12 664，18 560，27 201，39 865，58 425，85 626，125 491，
183 916，269 542，395 033，578 949，848 491，1 243 524，
1 822 473，2 670 964，3 914 488，5 736 961，8 407 925

对上面的数列，让我们从第三项开始用每一项除以其前一项就
得到

$$\frac{1}{1}=1, \quad \frac{2}{1}=2, \quad \frac{3}{2}=1.5, \quad \frac{4}{3}=1.333, \cdots,$$

$$\frac{5\ 736\ 961}{3\ 914\ 488}\approx 1.465\ 571\ 231\ 79, \quad \frac{8\ 407\ 925}{5\ 736\ 961}\approx 1.465\ 571\ 231\ 88, \cdots$$

读者现在大概已经猜到了这些比值的极限就是超金比例。

超金比例的许多性质都与黄金比例有类比关系。比如说，纳
拉亚纳数列的第 n 项是一个边长为 $1 \times n$ 的矩形用 1×1 和 1×3 砖
块铺贴的可能铺法的个数；斐波那契数列的第 n 项是一个边长为
$1 \times n$ 的矩形用 1×1 和 1×2 砖块铺贴的可能铺法的个数。$\psi - 1 =$
ψ^{-2}；$\varphi - 1 = \varphi^{-1}$。另外，黄金比例和超金比例都是皮索数（Pisot-
Vijayaraghavan number）：它们是本身大于 1 的实数代数整数，且
其共轭代数数的绝对值小于 1。前面我们已经看到了黄金矩形。相
应地有超金矩形（图 10.36），即边长之比正好是 1 和 ψ 之比。从其
中去掉一个最大的正方形，剩下的矩形的边长就是 1 和 ψ^{-2}。图
10.36 的矩形显示了超金比例的一个有意思的性质。

我们看到，所有这些比例数都由代数方程统一起来。第 n 贵
金属比例与方程 $x^2 = nx - 1$ 关联。超金比例来自方程 $x^3 = x^2 + 1$
的正解。人们感兴趣的另一个方程是 $x^3 = x + 1$。它的唯一实数根

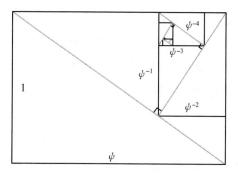

图 **10.36**　超金矩形/维基百科

ρ 就是我们前面提到的"塑胶数"。

对应于塑胶数有两个数列：佩兰数列（Perrin numbers，OE-IS：A013998）和巴都万数列（Padovan Sequence，OEIS：A000931）。ρ 分别是这两个数列的两项的比的极限。它亦是最小的皮索数。

黄金数、超金数和塑胶数还可以用级数表示。我们有

$$\varphi = \sum_{n=1}^{+\infty} \varphi^{-n};$$

$$\psi = \sum_{n=2}^{+\infty} \psi^{-n};$$

$$\rho = \sum_{n=4}^{+\infty} \rho^{-n}。$$

细心的读者可能注意到上面的三个级数分别从第 1 项、第 2 项和第 4 项开始。Q那么从第 3 项开始的级数到哪里去了呢？原来它与第 2 最小皮索数有关。我们不深入讨论。

9. 结束语

本章介绍了黄金分割的亲兄弟——白银分割以及由此而来的

贵金属分割。它们之间有许多相似之处，也有一些性质无法推广。本章没有给出任何推导。还有很多性质在本章中没有谈到。希望有兴趣的读者能把这些缺陷弥补上。本章还介绍了与贵金属比例相关的一些其他比例数，特别是在中国等东方国家受喜爱的东方比例数。它在古建筑中反复出现。这些比例数都出自某个代数方程。它们都是某个数列的极限。最大的特点则是它们的重复性。也许大自然就是在复制、放大、再复制、再放大的规律下得到统一的。这个规律也就成为我们认识自然的出发点。

参考文献

1. 遇见数学. 认识黄金比例、白银比例等贵金属比例. https：//mp. weixin. qq. com/s/v56YgMqMe8scRJrRNC2gxg.

2. Ed Pegg Jr. Shattering the Plane with Twelve New Substitution Tilings Using 2，φ，ψ，χ，ρ. https：//blog. wolfram. com/2019/03/07/shattering-the-plane-with-twelve-new-substitution-tilings-using-2-phi-psi-chi-rho.

3. Evelyn Lamb. Meet the Metallic Means. https：//blogs. scientificamerican. com/roots-of-unity/meet-the-metallic-means.

4. Thiffeault J-L. ，Finn M D. Topology，Braids，and Mixing in Fluids. arXiv：nlin/0603003.

5. Tucker V A，Tucker A E，Akers K，Enderson J H. Curved flight paths and sideways vision in peregrine falcons (Falco Peregrinus)，The Journal of Experimental Biology，2000，203：3 755-3 763.

6. Yavartanoo F，Kang T. Evaluation of geometrical characteristics of Korean pagodas//The 2017 World Congress on Advances in Structure Engineering and Mechanics，28 August-1 September 2017，Korea.

7. Jung J Y，Zahn N，Dadke-Schaub P，Munn M-k. Comparison between Rectangular Proportions：Golden versus Root Ratio//IASDR 2011 Proceedings，

October 31-November 4，2011，Delft，The Netherlands.

8. Falcon S. On the k-Lucas Numbers，Int. J. Contemp. Math. Sciences，2011，21(6)：1 039-1 050.

9. 王贵祥. 关于唐宋单檐木构建筑平立面比例问题的一些初步探讨[J]. 建筑史论文集，2002，15(1)：50-64＋258-259.

10. 王贵祥，刘畅，段智钧. 中国古代木结构建筑比例与尺度研究[M]. 北京：中国建筑工业出版社，2011.

11. 王南. 规矩方圆 浮图万千——中国古代佛塔构图比例探析(上)[J]. 中国建筑史论汇刊，2017(2)：216-256.

12. 王南. 规矩方圆 浮图万千——中国古代佛塔构图比例探析(下)[J]. 中国建筑史论汇刊，2018(1)：241-277.

13. 板原村のだんじり会館. 1：$\sqrt{2}$「白银比」. https：//ameblo. jp/itaharamura17/entry-12491677271. html.

14. Buitrago A R. Polygons，Diagonals，and the Bronze Mean. https：//link. springer. com/content/pdf/10. 1007/s00004-007-0046-x. pdf .

15. Finn M D，Thiffeault J-L. Topological Optimisation of Rod-Stirring Devices，SIAM Rev. ，2011，53(4)：723-743.

16. Bicknell M，V. E. Hoggatt：Golden Triangles，Rectangles，and Cuboids. The Fibonacci Quarterly. 1969，(7)：73-91.

17. Clark Kimberling. Two Kinds of Golden Triangles，Generalized to Match Continued Fractions. Journal for Geometry and Graphics，2007，2(11)：165-171.

18. Chris Budd. Myths of maths：The golden ratio(Chris Budd). https：//plus. maths. org/content/myths-maths-golden-ratio.

19. Voet C. Between Looking and Making：Unravelling Dom Hans van der Laan's Plastic Number. Architectural Histories，2016，4(1).

20. 三维世界中的"和谐"比例—塑料常数. https：//dalaoliblog. word-

press. com/2018/07/19.

21. Tarabishy M N . A New Theorem Relating the Tangent Secant Theorem to the Golden Ratio. arXiv：2201.08212.

第十一章 二刻尺作图的古往今来

用无刻度的直尺和圆规作图是平面几何的一个重要组成部分。我们都知道,尺规作图源于古希腊时期,已经有两千多年的历史了。我们也知道,尺规作图无法解决所有的几何作图问题。有一则神话故事说,阿波罗神谕必须将正方体祭坛加大一倍才能遏止瘟疫。柏拉图受命试图用尺规作图,以失败告终。这样的传说给人一种印象,好像古希腊人无法解决这些问题。事实并不是这样。虽然古希腊人不知道用常规的尺规能否解决这类问题,但他们早就知道如何用其他的工具解决这些问题,他们所使用的工具之一就是二刻尺(Neusis)。本章介绍什么是二刻尺,为什么要使用二刻尺,为什么二刻尺后来衰落了,它又有什么新的发展。

1. 什么是二刻尺作图

二刻尺是一种几何作图的工具,它允许直尺有两个刻度,刻度可以在作图过程中标示,因此可以记录长度。顺便说,这是在直尺上划分刻度的来源。所以二刻尺介于刻度尺和尺规作图中的尺之间,既不同于日常使用的刻度尺(有许多刻度),也不同于尺规作图中的尺(没有刻度)。二刻尺有两个刻度,使得二刻尺上有某一固定长的线段。尺规作图中的尺,可被视为画无限长的直线工具,二刻尺可被看作这种尺上任意添加了点 A 和点 B 两个点(A,B 两点间长度固定却不确定某一数值)。

尺规作图中的直尺只能用来将两点连接起来。而二刻尺作图（又称为纽西斯作图，neusis construction）除了可以将两点连接起来，还有以下用法：假设尺上的两刻度距离为 a，有两条线 l，m 和点 P，可以用二刻尺找到一条通过点 P 的直线，使得此直线在 l 和 m 的两个交点间的距离为 a。具体作法是：将尺子与点 P 对齐，并让其中一个刻度（如图 11.1 中空心蓝点）保持在 l 上，慢慢转动尺子，直到另一个刻度（图中实心蓝点）碰到 m，此线即为所求（如图 11.1 中的蓝线）。

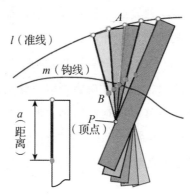

图 11.1　二刻尺作图 /维基百科

把点 P 称为二刻尺的顶点或极点（pole），把 l（直线或曲线）称为准线或滑线（directrix），把 m（直线或曲线）称为钩线（catch line），把长度 a 称为距离。

当两条线 l 和 m 分别为平面直角坐标系的 x 轴和 y 轴时，二刻尺

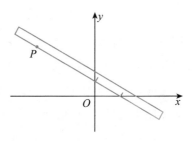

图 11.2　二刻尺与直角坐标系

作图就被用来考虑可构造点问题（如图 11.2）。我们不作深入讨论。

2. 为什么用二刻尺作图

　　仅用圆规和没有刻度的直尺来三等分角、倍立方体和化圆为方是古希腊著名的三大几何作图问题，在历史上名声显赫，吸引了一代又一代数学家的目光。但是经过两千多年的不断耕耘和探索，直至 19 世纪，数学家们利用现代数学的知识才豁然发现这三大问题是不可解的。倍立方体和三等分任意角在 1837 年由法国数学家旺泽尔证明了不可能只用尺规作图。1882 年德国数学家林德曼证明了 π 的超越性，相当于给出了化圆为方不可能用尺规作图。本书第二章"古希腊三大几何问题的近似尺规作图"中已介绍倍立方体、三等分角和化圆为方的近似尺规作图。不过，虽然这些问题无解，但数学家们也未无功而返，因为在此过程中，有诸如发现一些新曲线等科学副产品。从这个意义上来讲，三大几何作图问题有些类似希尔伯特口中的"一只会下金蛋的鹅"。

　　现在的问题是：三大几何作图问题已经确定不能仅用圆规和没有刻度的直尺作图，那么是否有其他的作图方法可以作出它们的图形呢？答案是肯定的。比如今天我们所讨论的焦点——二刻尺作图。目前已经知道，用二刻尺可以作出三等分角和倍立方体，也能作出一些正多边形。读者可以考虑，如何用二刻尺作出正七边形。

　　二刻尺作图与尺规作图一样古老，亦是早在古希腊，数学家们就采用的一种作图方法，但是它的待遇却与尺规作图不同。在古希腊的三种主要作图方法中，它被视为最低级的作图法，使用不多。因此，它在历史的长河中渐渐淡出人们的视野也在常理之中。不过，当其他作图法不能施展武艺之时，二刻尺却又总被人

想起，并发挥一定的威力，似乎充当了一种救人于危难的英雄角
色。如此说来，二刻尺不但古老，而且又独具活力，在历史的角
落里时不时地绽放出光彩和亮泽。

3. 二刻尺作图的应用

我们知道二刻尺虽然在历史上最不被人青睐，但因其有时在
一些不能仅用圆规和直尺作图的几何问题上发挥自身的功用而凸
显其价值，因此我们也不能对它随意小觑。比如三等分角、倍立
方体以及正七、九、十三边形的作图问题。

让我们举一个例子来感受一下如何用二刻尺作图，看一看如
何用二刻尺来完成三等分角。这个想法最早是由阿基米德（如图
11.3）提出来的。有趣的是，16 世纪法国最有影响的数学家之一
（代数之父）韦达也选择了这种几何的方法。相反地，精于几何的
布拉格宫廷中的瑞士钟表匠、天文仪器制作师和数学家比尔吉却
采用了代数的方法。

图 **11.3**　阿基米德/维基百科

阿基米德的方法见图 11.4。给定角 α。因为很容易作出 $30°$，
$60°$ 和 $90°$ 角，我们不妨假定 α 是锐角。二刻尺上有两个刻度 A 和

B。我们不妨假定角的一个边就是 AB。将另一条边延长，并作一个以 B 为圆心，以 AB 为半径的圆。

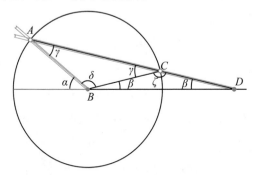

图 **11.4** 三等分角的二刻尺作图

如图 11.4 所示，假定这个二刻尺足够长。让这个尺子一直保持通过点 A，并让点 B 在另一条边上向右移动，直到二刻尺上原来的点 A（空心蓝点）移到与圆相交的点 C。这时，点 B（实心蓝点）移到点 D。因此，$CD=AB$。

我们需要证明：$\alpha=3\beta$。事实上，

(1)因为角 γ 和角 ζ 是直线上的邻角，所以 $\gamma+\zeta=180°$；

(2)因为 $\triangle BCD$ 是等腰三角形，所以 $\zeta+2\beta=180°$；

(3)将两式相减，我们得到 $\gamma=2\beta$；

(4)又因为 $\triangle ABC$ 也是等腰三角形，所以 $\delta+2\gamma=180°$，因此
$$\delta=180°-2\gamma=180°-4\beta；$$

(5)因为角 α，δ 和角 β 是直线上的邻角，所以 $\alpha+\delta+\beta=180°$，从而有
$$\alpha+(180°-4\beta)+\beta=180°，\text{即 } \alpha=3\beta。$$

这个证明不是最简洁的。有兴趣的读者可以另辟佳途。也有一些其他的作图方法，可以在阿拉斯代尔·麦克安德鲁的论文中

找到①。他还讨论了用一般的软件（例如 GeoGebra）来实现作图的方法。我们在本册第二章"古希腊三大几何问题的近似尺规作图"还讨论了三等分角。

　　一些正多边形可以用二刻尺作图。现在知道，一个正 n 边形用二刻尺可以作图的充分条件为 $n=$

3，4，5，6，7，8，9，10，11，12，13，14，15，16，17，18，19，20，21，22，24，26，27，28，30，32，34，35，36，37，38，39，40，42，44，45，48，51，52，54，55，56，57，60，63，64，65，66，68，70，72，73，74，76，77，78，80，81，84，85，88，90，91，95，96，97，99，102，104，105，108，109，111，112，114，117，119，120，126，128，…②

　　倍立方体问题也可以用二刻尺来实现，我们在本章最后用折纸几何来作倍立方体的例子中有所体现。

4. 二刻尺作图的历史

　　古希腊崇尚几何，并且以几何为中心，对几何的推崇达到了一个阶段性高峰。其几何成就相当斐然，从公元前 600 年至公元 600 年间，在希腊半岛、爱琴海区域、马其顿与色雷斯地区、亚平宁半岛、小亚细亚和非洲北部，缔造了屹立于数学史之林的一座

---

　　①　他关于二刻尺的文章有 4 篇，有兴趣的读者都值得一读。

　　②　这个序列是依据"整数数列线上大全"（OEIS）中的序列 A122254 以及艾略特·本杰明和奇普·斯奈德的新结果得到的。维基百科上的"Neusis construction"条目上说这是一个充要条件。但根据维基百科的另一个条目"Compass－and－straightedge construction"，似乎在 $n=25$ 和 31 时，答案仍然是未知的。

座丰碑。

几何离不开作图，而在古希腊英勇无畏的开拓精神和追求论证数学的严密逻辑思维体系下，他们对作图方法的分类、选择和运用也颇为讲究。最入他们法眼的并不是二刻尺作图方法，而是鼎鼎有名的尺规作图方法。

据数学史家希思的观点，古希腊数学家和天文学家恩诺皮德斯首先把尺规作图看作是比二刻尺作图等级高的一种作图方法。恩诺皮德斯出生于希俄斯岛，但大多数时间在雅典工作。他用尺规作图方法尝试过两种基本平面图形的作图：一是，从一个已知点作一条直线，使其垂直于已知直线；二是，以一条直线为一边，其上一点为出发点，可以作出与一个已知角相等的角。

与恩诺皮德斯来自同一个岛屿的希波克拉底（如图 11.5(a)）同样既是数学家，又是天文学家。在希俄斯岛时，他可能就已经是恩诺皮德斯的学生。他最初是一位商人，运气不佳，财产被海盗打劫，为了诉讼去了雅典，由此走上不同的人生道路，在雅典成长为一名真正的数学家。他很有可能对尽可能不用二刻尺作图这种原则进行了传播和扩散。据我们所知，希波克拉底是第一个写出系统有序的几何教科书的人，他的书名为《几何原本》(Elements)，可惜已经失传。此后至少四位数学家写了同名的《几何原本》，包括赫赫有名的欧几里得（如图 11.6(a)）。希波克拉底用二刻尺作出了三等分角。

特别是，从公元前 4 世纪开始，柏拉图（如图 11.5(b)）的理想主义便生根发芽和壮大。在此影响之下，三种几何作图方法的等级逐渐明晰。按照从"抽象和尊贵"到"机械和世俗"的顺序，这三种作图方法依次为：

（a）　　　　　　　（b）

图 11.5　希波克拉底和柏拉图/维基百科

（a）　　　　　　　（b）

图 11.6　欧几里得及其《几何原本》/维基百科

（1）仅用直线和圆圈（没有刻度的直尺和圆规）的作图；

（2）须借助圆锥曲线（椭圆、抛物线、双曲线）的作图；

（3）须借助其他作图方式（如二刻尺）的作图。

这样一来，尺规作图就明确成为这三种作图法中最被人们尊敬的一种作图方法，而二刻尺作图则为最低级的一种。那么古希腊人为什么对作图的条件要求这么严苛呢？为什么不愿意放宽条件呢？这是因为，较于解决实际问题，他们更加侧重锻炼思维和智力，更加追求数学理论的卓越，追求心智的荣耀。因此，人们只在前两种较高等级的作图法不能解决问题时才尝试用二刻尺作图，也就是二刻尺作图成为另两种方法失败时的最后一种选择。

实际上，古希腊的安那萨哥拉斯（如图 11.7）率先提出作图需要有尺寸限制，而明确规定这一点的则是古希腊黄金时代的数学家之一欧几里得的《几何原本》（*Elements*）。并且，欧几里得在这本书中没有提到二刻尺作图。欧几里得是希腊论证几何学的集大成者，早年应该是在雅典游学，后来应托勒密一世的邀请到了亚历山大，并成为亚历山大学派的奠基者。据说，托勒密曾问欧

图 11.7　安那萨哥拉斯/维基百科

几里得学习几何有无捷径？欧几里得答曰：几何无王者之道。这句话亦成为千古传唱的箴言。

欧几里得的著述颇丰，其中《几何原本》最为著名（如图 11.5 (b)）。《几何原本》用公理法对公元前 7 世纪以来的知识作了系统化的总结，是数学史上第一个公理化体系，是仅次于《圣经》的畅销书，被翻译成很多种文字，在全世界范围内流播。如此一来，尺规作图的地位和知名度进一步上升，而二刻尺作图则悄然淡出人们的视野。

古希腊数学黄金时代的另一位数学家阿基米德诞生在西西里岛的叙拉古，他曾在亚历山大城跟随欧几里得的学生学习，后来离开了亚历山大，不过，他始终与亚历山大的学者们保持着密切

联系。他的著述亦特别丰厚。与欧几里得相比，他是一位应用数学家，他发明的"平衡法"，也可以说是一种力学方法，体现了近代积分法的基本思想。在二刻尺作图方面，阿基米德运用二刻尺作出了三等分角。我们在前一节里作了介绍。

尼科梅德斯（如图 11.8）亦是古希腊的一位数学家，对于他的生平我们几乎一无所知。他与那时的许多几何学家一样，致力于尝试解决倍立方体和三等分角问题。在这个研究过程中，他发现了后来以他名字命名的尼科梅德斯蚌线（如图 11.9），并写入他的著作《关于蚌线》(*On conchoid lines*)当中。

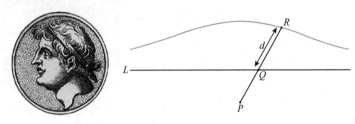

图 11.8　尼科梅德斯/ MT 数学史网　　　图 11.9　蚌线的一个例子

这部著作已经失传，我们通过帕波斯等人的记载可以知道，他发现了三种蚌线。他用蚌线来研究三等分角和倍立方体问题。比如帕波斯曾写道："尼科梅德斯可以用蚌线对任意直角三等分。"尼科梅德斯用他的蚌线来演示许多二刻尺作图。

帕波斯是亚历山大最后一位重要的数学家。他唯一的传世之作是《数学汇编》(*Mathematicae Collectiones*，如图 11.10)，这部书荟萃总结了前人的成果，

图 11.10　《数学汇编》/
维基百科

也包含他自己的一些创新成就，特别是其中的帕波斯问题促生了近代解析几何学与射影几何学，古希腊很多珍贵的数学资料通过《数学汇编》被流传至今。帕波斯曾证明用一条固定的双曲线来三等分任意角。他也自由地运用二刻尺。

牛顿继承了阿基米德和帕波斯的思想路线，也用二刻尺作图。然而，这种作图技巧渐渐地退出了应用的舞台。

约翰·康威（如图 11.11(a)）和理查德·盖伊（如图 11.11(b)）在 1996 年的著作《数之书》(*The Book of Numbers*)中给出了基于三等分角的正七、九、十三边形的二刻尺作图。康威和盖伊都在 2020 年去世，令人叹息。

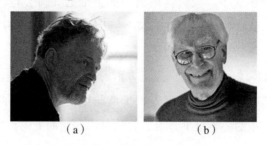

（a）　　　　　　　　（b）

图 **11.11**　康威和盖伊/维基百科

在本书第七章"几何的颜色"里，我们还介绍了一个用二刻尺作正七边形的例子。

5. 折纸几何学中的二刻尺思想

除了运用二刻尺可以作出三等分角之外，人们也可以用折纸公理来解决三等分角问题。我们在《数学都知道 3》第十章中曾经谈到，假定所有折纸操作均在理想的平面上进行，并且所有折痕都是直线，那么有一组公理可以描述通过折纸可能达成的所有数学操作。这组公理合称为"折纸公理"。在这组公理中比较难以理解的是"公理六"：Q 已知 A，B 两点和 l_1，l_2 两直线，可以把 A，B 分别折到 l_1，l_2 上。这个操作相当于求解三次方程。想一想为什么？天津刘瑞祥专门讨论了这个问题。

折纸的作图能力要比尺规作图强大，诸如三等分角、倍立方体等尺规作图无法解决的问题却可以用折纸几何解决。从这个意义上说，折纸比尺规更强大。从本质上说，折纸几何证明相当于古希腊的二刻尺作图，因为我们可以把折痕当作刻度。

下面我们以阿部恒 1980 年的三等分角作法为例来进行说明。在这些折纸步骤中，我们将用到一些折纸的几何公理。而在本章中我们将默认这些公理。由于这个原因，这里的"证明"只能说是一个思路，不能算是严格证明。

如图 11.12 所示，在一张正方形的纸上画出角 θ。在纸的下半部分中折出一条水平的折痕 l_2，折痕与纸的左边 AB 的交点记为 G。点 G 在纸的一半以下，所以我们可以在它的上面再折出一条水平线 l_3 使其与 AB 交点 E 满足 $EG=GB$。

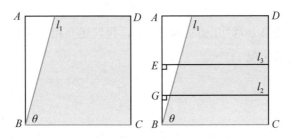

图 11.12　三等分角步骤

现在我们将点 E 折到 l_1 上，同时将点 B 折到 l_2 上，得到 F，E_1，G_1 和 B_1 这四个点。注意这一步就是二刻尺中滑动尺子的一步。EB 就相当于二刻尺中的两个刻度之间的距离。另外，G_1 不在 l_3 上，而是 E_1 和 B_1 的连线的中点。这是因为，G 是 E 和 B 的中点。从 F 到 B_1 作出折痕，然后将纸打开。见图 11.13。

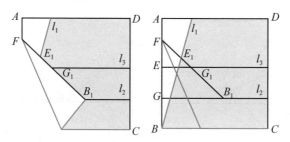

图 **11.13** 三等分角步骤

如图 11.14，连接点 B 和点 G_1。再连接点 B 和点 B_1。我们得到四个角：α，β，γ 和 δ。我们需要证明：$\delta=\beta=\gamma$，从而实现了三等分角。因为 $l_2 /\!/ BC$，γ 和 δ 是内错角，所以 $\gamma=\delta$。现在来看 $\triangle BB_1E_1$。因为 $GB_1 \perp EB$，所以 $G_1B \perp E_1B_1$。又因为 $E_1G_1 = G_1B_1$，所以 $\triangle BB_1E_1$ 是一个以 E_1B_1 为底的等腰三角形。于是，$\alpha=\beta$。

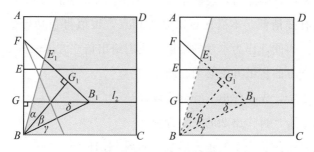

图 **11.14** 三等分角步骤

下面看图 11.15。我们剩下的就是要证明 $\gamma=\alpha=\beta$。连接点 E 和点 B_1，并看 $\triangle EBB_1$。这是一个以 EB 为底，以 GB_1 为高的等

腰三角形。而以 E_1B_1 为底，以 BG_1 为高的等腰三角形 BB_1E_1 是 $\triangle EBB_1$ 相对于蓝色的折痕的镜像。由此易得 $\alpha=\beta=\delta$。而我们已经知道，$\gamma=\delta$。于是 $\alpha=\beta=\gamma$。 ∎

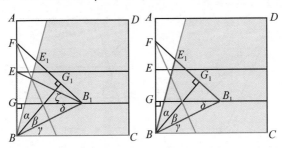

图 11.15   三等分角步骤

对上述折纸方法的分析还可以导致一个新的用两个圆的交点的轨迹寻找三等分角的方法。

我们认为，折纸几何其实是二刻尺作图的一种新生。现在有越来越多的数学家和科学技术人员开始注意折纸的理论和应用。这是一个极具活力的方向。在几何证明方面，它不但可以培养学生的严密逻辑思维能力，还能培养他们的空间想象能力和动手能力。折纸还有开销低、不受地域限制等特点，很值得在初等数学教育中推广。为此，作为本章的结束，我们给出倍立方体的折纸方法。

倍立方的折纸方法必须分两步：

第 1 步，先要作出三等分线段，

第 2 步，再作出 2 的三次方根。

取一张边长为 1 的正方形纸。如图 11.16，

①左右对折得折线 AE。显然点 E 是 DG 的中点。

②沿对角线对折得折线 DB，折线 DB 与 AG 有交点 C。

③从点 A 到点 G 作出折线。

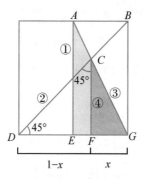

图 **11.16** 倍立方步骤

④从 C 作垂直于 DG 的折线并与 DG 相交于 F。

利用相似三角形的知识可以证明 $FG = \dfrac{1}{3}$。第 1 步完成。

现在来完成第 2 步。在图 11.17(a) 中，我们假定已经将 AB 三等分。图 11.17(b)，现在移动点 C 和点 S（注意这是二刻尺的特点），使得点 S 落在直线 l 上，同时使得点 C 落在 AB 边上。现在用勾股定理和相似三角形的性质就可以证明 $\dfrac{CA}{BC} = \sqrt[3]{2}$。证明从略。

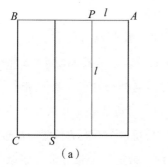

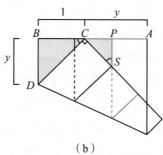

（a） （b）

图 **11.17** 倍立方步骤

注意这里我们用到了勾股定理。事实上， 题 勾股定理也可以用折纸的方法来证明。

在尺规作图领域里，哪些数可以作出来是一个有趣的问题。这涉及抽象代数。学过高等数学的读者可以考虑，$\boxed{Q}$ 如果允许二刻尺作图，哪些数可以作出来呢？这个问题可能有点大，但它是一个值得动脑子的问题。

我们现在偏离二刻尺的思路而沿着折纸的思路继续下去。

下面的例子说明，我们只经过两次折叠就不仅可以得到 $\frac{1}{3}$，而且可以得到 $\frac{1}{6}$，$\frac{2}{6}$，$\frac{3}{6}$，$\frac{4}{6}$，$\frac{5}{6}$ 和 $\frac{6}{6}$。如图 11.18，将一张顶点为 A，B，C，D 的正方形的纸对折得折痕 EF。打开后再将点 B 折到点 E 得折痕 GH。那么，

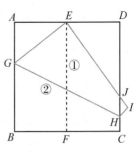

图 **11.18**　两次折叠示意图

$\boxed{题}$ $JI = \frac{1}{6}$，$JC = \frac{2}{6}$，$AE = \frac{3}{6}$，$JD = \frac{4}{6}$，$JE = \frac{5}{6}$，$AD = \frac{6}{6}$。

$\boxed{Q}$ 我们还可以计算折痕 GH 的长度，并考虑当把点 B 折到 AD 边上的哪一点时，折痕 GH 达到最长。

我们再来看一个有意思的将折纸与尺规结合的题目 —— "最短折痕问题"(Shortest Crease Problem)。它是杜德耐 1926 年第一次提出的一个问题。这个百年谜题是这样描述的：给一张长方形的纸，从一个角(我们假定是右下角)向对边折叠使其落在对边的某一个点上。这个点应该落在什么地方使得这个折痕的长度为最短？

杜德耐的作法如下：如图 11.19，给定一个长方形。将纸从左边到右边对折得折线 CG。显然，CG 是 AB 的中垂线。打开后再从左边到中线对折得 AC 的中点 D。现在使用圆规作一个直径为 DB 的半圆。这个半圆与 CG 相交于点 E。连接点 D 和点 E，并将

其延长至长方形的右边得点 F。杜德耐指出，DF 就是最短折痕。

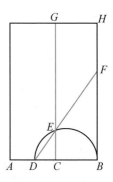

虽然，杜德耐给出了上述答案，但没有解释为什么这个答案是正确的。1959 年，马丁·加德纳在《科学美国人》上发表了一个证明。我们下面大致描述一下如何证明杜德耐的结论。

图 **11.19** 杜德耐在最短折痕问题中给出的解法

首先，我们可以发现，按照杜德耐的作法，我们一共有三种折叠的可能，如图 11.20。当然，有的时候，并不是每种情形都会出现。比如，当纸的高度不够高，那么情形 3 就不会出现了。

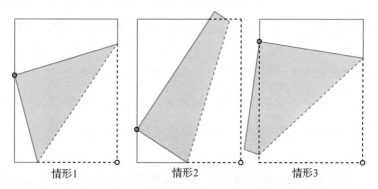

情形1　　　　　　情形2　　　　　　情形3

图 **11.20** 最短折痕问题中的三种情形

为方便起见，我们假定长方形的底边长度为 1，高为 R，并且 $R \geqslant 1$。在这里我们没有采用通常的高的符号 H，因为这里 R 实际上是高与宽的比。我们分情形来讨论。如图 11.21(a)，在情形 1 中，可以计算得

$$L^2(x) = \frac{2x^3}{2x-1}, \qquad \frac{1}{2} < x \leqslant 1.$$

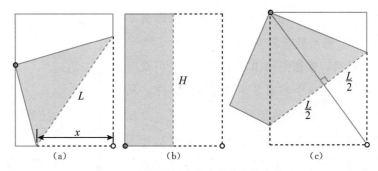

图 11.21　最短折痕问题中的两个特殊情形

我们看到，上式对于 $0 < x \leqslant \frac{1}{2}$ 无解。这当然是因为我们至少要折叠过了一半才有可能把右下角叠到左边上去。在区间 $(\frac{1}{2}, 1]$ 上，函数 $L^2(x)$ 在点 $x = \frac{3}{4}$ 达到最小。这就是杜德耐的解。这时的最短折痕长为 $L = \frac{3\sqrt{3}}{4} \approx 1.299$。这个结论与 R 无关。

在情形 2 中，很显然最短的折痕一定是垂直的那一条，即把右下角折到左下角的情形。这时的最短折痕长 $L = R$。（如图 11.21(b)）

在情形 3 中，我们可以看出，最短折痕是当右下角折叠到左上角时所得折痕。它的长度为 $L = \frac{\sqrt{1+R^2}}{R}$。这个公式只在 $R \geqslant 1$ 时成立，也就是说，这张长方形的纸至少是正方形的。（如图 11.21(c)）

图 11.22 是情形 2 和情形 3 的两条曲线。这两条曲线有一个交点：$R = \sqrt{\frac{1+\sqrt{5}}{2}} = \sqrt{\varphi}$，即黄金分割的平方根。此时的折痕长度

为 $L = R = \sqrt{\varphi} \approx 1.272$。我们前面说过，情形 1 时的最短折痕大约是 1.299。这说明，情形 1 其实并不是最短折痕的解，除非我们再增加额外的限制。

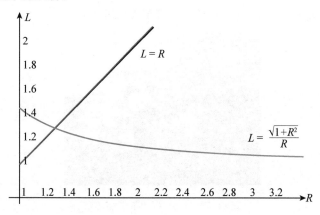

图 **11.22** 情形 2 和情形 3 的两条 R-L 曲线

📝 从一张正方形的纸，我们可以折出 $\sqrt{2}$，$\sqrt{3}$，$\sqrt{4}$，$\cdots$，$\sqrt{n}$。请读者作出来。

6. 折纸艺术

我们在《数学都知道 3》的第十章里比较全面地介绍了折纸艺术的发展。当年请郎博士签名的小折纸爱好者已经进了大学。巧的是他的室友也是一位折纸爱好者。他们一起制作了许多作品并挂在宿舍里（如图 11.23）。左边的作品叫作"十六互交三角形"（sixteen intersecting triangles），是美国青年折纸艺术家拜里亚·洛珀的《激动人心的组合折纸》(*Mind-blowing Modular Origami*)中的一个；右边的作品叫作"发芽"（Sprouts），是俄罗斯叶卡捷琳娜·卢卡申科的《组合化折纸万花筒：您可以做的 30 种型号》(*Modular*

Origami Kaleidoscope：30 *Models You Can Do Yourself*）中的一个。数学上它其实是一个星状二十面体（stellated icosahedron）。他们把自己完成了的折纸都挂在了天花板上。突然宿舍管理员命令他们全部取下来，因为此举已经成了火灾的隐患。

图 11. 23　大学宿舍里的折纸作品

大数学家康威也喜欢玩纸，当然不限于折纸。他在美国普林斯顿大学的办公室的天花板上也是挂满了他的作品。他也触犯了学校的防火条例。在学校的要求下，他只好把所有的东西都扔进了废品回收箱。那是 2009 年的事情。我们建议读者中的折纸爱好者也能有这个意识。安全总是第一位的。

参考文献

1. Weisstein E W. Neusis Construction. http：//mathworld. wolfram. com/NeusisConstruction. html.

2. McAndrew A. Extending Euclidean constructions with dynamic geometry software. Proceedings of the 20th Asian Technology Conference in Mathematics（Leshan，China）. 2015：215-224.

3. Benjamin E，Snyder C. On the Construction of the Regular Hendecagon by Marked Ruler and Compass. Mathematical Proceedings of the Cambridge

Philosophical Society，2014：409-424.

4. Heath T L. A history of Greek Mathematics，Oxford：Clarendon Press. 1921.

5. 蒋迅，王淑红. 数学都知道 2[M]. 北京：北京师范大学出版社，2016.

6. Ivor B-T. Hippocrates of Chios，in：Dictionary of Scientific Biography，Charles Coulston Gillispie，ed. New York：Charles Scribner's Sons，1970－1990：18 Volumes：410-418.

7. 李文林. 数学史概论(第三版)[M]. 北京：高等教育出版社，2011.

8. Johnson C. A Construction for a Regular Heptagon，The Math ematical Gazette，1975(59)：17-21.

9. Niccolò Guicciardini. Isaac Newton on Mathematical Certainty and Method，Issue 4，Cambridge，Massachusetts：M I T Press，2009：68.

10. Conway J H，Guy R K. The Book of Numbers. New York：Springer-Verlag，1996：194-200.

11. 蒋迅，王淑红. 现代折纸与数学[J]. 数学文化，2015，6(2)：105-120.

12. 刘瑞祥. 关于折纸第六公理的说明. https：//mp. weixin. qq. com/s/dyYyzLsW3W9kX62LNG4jag.

13. 羽鳥公士郎. "尺规"与折纸(日语). https：//origami. ousaan. com/library/constj. html.

14. Henry Dudeney. Shortest Crease Problem. http：//datagenetics. com/blog/january22018/index. html .

15. Bogomolny A. Angle Trisection By Paper Folding. http：//www. cut-the-knot. org/pythagoras/PaperFolding/AngleTrisection. shtml，Accessed 26 September 2016.

16. Trisecting an Angle，an Interesting Historical Comparison and a Mystery. https：//pballew. blogspot. com/2021/02/trisecting-angle-interesting-historical. html .

17. Bhat R. Locus of Intersection for Trisection. arXiv：2102. 10068.

第十二章　数学归纳法与其在计算机科学中的应用

数学归纳法是中学数学课程中的一个选学课题。我们通过一些有关整数的恒等式来学习归纳法。比如我们可以证明，对所有自然数 n，有

$$0+1+2+3+\cdots+n=\frac{n(n+1)}{2}$$

成立。

我们假定，读者对这类证明已经很熟悉了。只是为了完整起见，我们对一些基础知识作一个较为系统的介绍。此外，归纳法在计算机科学的算法理论中有大量运用。我们也希望通过介绍相关知识使读者看到数学对计算机科学的贡献，而且看到计算机科学不仅仅是编程序。

1. 数学归纳法的历史

我们首先介绍一下数学归纳法的发展历史。

早期的数学家在建立数学体系的时候大多是通过观察、实验和归纳。这里的归纳就是从一些特殊的例子中得出一般的结论。不同于数学科学的是，其他科学通过观察和实验所得出的结论必须能够重复，不管是被本人还是其他人，也不管是通过同样的实验还是其他的实验；而在数学领域里，人们可以给出严格的推理。所用的推理方法之一就是数学归纳法。

图 **12.1**　柏拉图和他的《巴曼尼得斯篇》/维基百科

　　数学归纳法的起源已经不可考。现在知道，公元前 370 年时柏拉图在他的对话录之一《巴曼尼得斯篇》(*Parmenides*)中可能包含了一个归纳法的最早的例子(如图 12.1)。古罗马晚期的学者西塞罗在翻译柏拉图的学生亚里士多德的作品时使用了拉丁词"inductio"，意思是"导致"。我们还可以在欧几里得的素数有无穷多的证明中、在印度数学家婆什迦罗第二的循环法中都可以看到数学归纳法的痕迹。大约在公元 1000 年，波斯数学家卡拉吉明确地引入了数学归纳法用以证明二项式定理和帕斯卡三角形(也叫算术三角形，在中国被称为杨辉三角形或贾宪三角形)的一些性质。但是以上的例子都没有明确地叙述归纳假设。以上四位见图 12.2。

图 **12.2**　西塞罗、亚里士多德、婆什迦罗第二和卡拉吉/维基百科和 **MT** 数学史网

　　1575 年，西西里数学家弗朗切斯科·莫洛里科在他的《算数》（*Arithmeticorum libri duo*）中使用了数学归纳法。他利用递推关系巧妙地证明了自然数的前 *n* 个奇数之和为 n^2。虽然他所使用的语言不是我们现在的数学归纳法的语言，但是其基本思想已经包括在他的描述中。法国数学家布莱士·帕斯卡在一封给法国数学家皮埃尔·德·卡卡维的私信里证实是莫洛里科第一次引入了数学归纳法，他在 1653 年的书《三角形算术论》（*Traité du triangle arithmétique*）中讨论杨辉三角形的性质时反复使用了这种方法。但是帕斯卡仍然没有为这种方法起一个名字。以上三位见图 12.3。

图 **12.3**　莫洛里科、帕斯卡和卡卡维/维基百科

　　1656 年，英国数学家约翰·沃利斯把这种方法用拉丁语称为

"per modum inductionis"，即归纳法。瑞士数学家雅各布·伯努利将从 n 到 $n+1$ 的论述一般化，从而奠定了数学归纳法的基础。1830 年，英国数学家乔治·皮科克把这种方法称为"demonstrative induction"，意思是证明归纳法。几年后，英国数学家奥古斯塔斯·德摩根提议起名"successive induction"即连续归纳法，但在同一篇论文的最后，他又把这个名称改为数学归纳法。这是这个说法的最早使用。以上四位见图 12.4。

图 **12.4**　沃利斯、伯努利、皮科克和德摩根/维基百科

2. 数学归纳法基础

现在我们正式开始谈数学归纳法（如图 12.5）。通常的数学归纳法一般分为第一数学归纳法和第二数学归纳法。相关的还有一个超限归纳法。事实上，第一数学归纳法、第二数学归纳法和超限归纳法是相互等价的。我们不准备

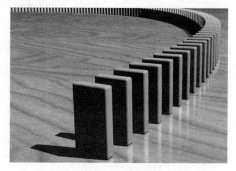

图 **12.5**　用多米诺骨牌把数学归纳法形象化/维基百科

作详细讨论，但为完整性起见，我们把它们叙述如下：

第一数学归纳法：设 $P(n)$ 是关于正整数 1，2，3，…的命题。如果

(1) $P(1)$ 成立；

(2) 假设对 $k \geqslant 1$，$P(k)$ 成立，可以推出 $P(k+1)$ 成立，

则 $P(n)$ 对一切正整数 n 都成立。

例 1　对所有的 $n \in \mathbf{N}$，有 $0+1+2+\cdots+n=\dfrac{n(n+1)}{2}$。虽然 n 从 0 开始，我们仍然认为这是一个典型的第一数学归纳法的例子。

第一数学归纳法可以有一些变形。

第一数学归纳法第一变形：设 $P(n)$ 是关于大于或等于某个正整数 b 的正整数 b，$b+1$，$b+2$，$b+3$，…的命题。

(1) $P(b)$ 成立；

(2) 假设对 $k \geqslant b$，$P(k)$ 成立，可以推出 $P(k+1)$ 成立，

则 $P(n)$ 对一切大于或等于 b 的正整数 n 都成立。

例 2　对于所有的 $n \geqslant 5$，有 $n! \geqslant n^3$。

第一数学归纳法第二变形：如果

(1) $P(1)$，$P(2)$，…，$P(b)$ 成立；

(2) 假设对 $k \geqslant b$，$P(k)$ 成立，可以推出 $P(k+b)$ 成立，

则 $P(n)$ 对一切正整数 n 都成立。我们有时把这个变形称为**跳跃数学归纳法**。

例 3　用面值为 3 分和 5 分的邮票可支付任何 n 分（$n > 7$，$n \in \mathbf{N}$）的邮资。

另外，数学归纳法可以有只对奇数或只对偶数的形式，以及存在从 k 到 $k-1$ 的递降归纳法等，我们不详述。

第二数学归纳法：设 $P(n)$ 是关于正整数$\{1，2，3，\cdots\}$的命题。如果

(1)$P(1)$成立；

(2)假设 $n \leqslant k$ $(k \in \mathbf{N}^*)$ 时，$P(n)$ 成立，可以推出 $P(k+1)$ 成立，

则 $P(n)$对一切正整数 n 都成立。

例 4　对斐波那契数列 F_n，其中 $n \in \mathbf{N}$，有

$$F_n = \frac{\varphi^n - \psi^n}{\varphi - \psi}，\text{ 其中 } \varphi = \frac{1+\sqrt{5}}{2}，\psi = \frac{1-\sqrt{5}}{2}。$$

在中学数学课程里没有提到的是下面的超限归纳法。超限归纳法是数学归纳法向（大）良序集合（比如基数或序数的集合）的扩展。

超限归纳法：假设只要对于所有的 $\beta < \alpha$，$P(\beta)$ 为真，则 $P(\alpha)$ 也为真。那么超限归纳法告诉我们 P 对于所有序数为真。

这里应该指出，数学归纳法与归纳法是不同的概念。归纳法是基于对某个或某些特殊的情形的有限观察把一些性质或关系归结到等价类；或基于对反复再现的现象的模式的有限观察，总结出公式表达规律。比如说，我们平时看到的天鹅都是白色的，所以古人得出结论：天鹅都是白色的。这就是归纳法。但这种归纳的方法显然不够严谨。我们怎么知道一定没有黑色的天鹅呢？事实上当人们第一次见到黑天鹅时大为吃惊。从此有了"黑天鹅事件"的说法。再比如，费马数是具有形式 $F_n = 2^{2^n} + 1$ 的正整数，其中 $n \in \mathbf{N}$。容易算得：这个系列的前五项 3，5，17，257 和 65 537 都是素数。费马在 1640 年猜测费马数都是素数并宣称他找到了表示素数的公式。但欧拉在 1732 年否定了这个猜想。他发

现，下一项 $F_5 = 4\,294\,967\,297$ 就已经不是素数了。事实上，$F_5 = 641 \times 6\,700\,417$。数学归纳法则属于完全严谨的演绎推理法。

我们还应该指出，错误的证明很容易导致错误的结论。匈牙利数学家波利亚·哲尔吉给过一个著名的例子：所有的马都有相同的颜色。他的证明如下：我们对马的个数 n 用数学归纳法。当 $n=1$ 时，这个结论显然成立，因为这个马的集合中只有一匹马。现在我们假定结论对 $n \geqslant 1$ 成立，也就是说，当马的集合中有 n 匹马时，它们都是同样颜色的。我们考虑有 $n+1$ 匹马的情况。记这 $n+1$ 匹马为 h_1，h_2，$\cdots$，h_n，h_{n+1}。我们先暂时把第 $n+1$ 匹马放到一边，而看前 n 匹马 h_1，h_2，$\cdots$，h_n。由归纳假设，它们具有相同的颜色。再暂时把第一匹马放到一边而看后 n 匹马 h_2，h_3，$\cdots$，h_{n+1}。由归纳假设，它们也具有相同的颜色。由此我们得出结论：这 $n+1$ 匹马都具有相同的颜色。看出错误在哪里了吗？

3. 数学归纳法在计算机科学中的应用

数学在计算机科学中的重要性体现在"数据结构"和"离散数学"课程中。其中数学归纳法在多个章节中发挥了作用。本节部分内容取材于美国加州大学伯克利分校的"离散数学和概率理论"课的讲义。

3.1　计算复杂度

计算复杂度是数据结构课程中的内容。计算机系学生在找工作时会被要求做代码挑战（code challenge），而他们遇到的一类题目就是跟计算复杂度相关的。由此可见其重要性。我们在《数学都知道 3》第三章中作过介绍。为了本章的完整性，我们再作一点介绍。所谓算法就是用某种重复性的步骤来完成一个计算机上的任务。比如说，将两个数相加或相乘就是一个任务。什么是计算复杂度呢？给定一个任务，用某种算法来完成，如果需要 N 步才能完成，那么这种算法的计算复杂度就是 N。更一般地，给定一个算法（其任务不一定是加、减、乘、除），这个算法的计算复杂度就是它所需的计算步骤的数量。通常我们并不能得到一个精确的 N。假定我们找到一个函数 $f(n)$ 和两个正常数 C_1 和 C_2，使得

$$C_1 f(n) \leqslant N \leqslant C_2 f(n),$$

那么我们就说这个算法的复杂度是 $O(f(n))$。常用的函数 $f(n)$ 有：$\log_2 n$，n，$n \lg n$，n^2，n^3 和 2^n 等。当 $f(n)$ 是一个关于 n 的多项式时，我们说这个算法是多项式级的；当 $f(n)$ 是一个指数函数时，这个算法是指数级的。回到本章一开始的例子，如果我们硬算的话，那么 $0+1+2+3+\cdots+n$ 的计算复杂度就是 $\dfrac{n(n+1)}{2} = O(n^2)$。当然，我们有更好的高斯算法。按照这个算法（一个加法、一个乘法和一个除法），计算复杂度是 $3 = O(1)$。所以对于同一个问题，我们必须选择一个最优的算法。我们现在以斐波那契数列的计算来具体说明如何将数学归纳法用于计算复杂度。

记 $F_1 = 1$，$F_2 = 1$。那么这个序列的定义为：$F_n = F_{n-1} + F_{n-2}$。一个最简单的 Python 程序就是

```
def Fib(n):
    if (n<=1):
        return n
    else:
        return Fib(n-1) + Fib(n-2)
```

为了计算斐波那契数列 $Fib(n)$，我们需要计算 $Fib(n-1)$ 和 $Fib(n-2)$，然后将二项相加。我们将证明 $Fib(n)$ 的计算复杂度 T_n 至多是 $O(2^n)$。

当 $n=1$ 和 $n=2$，$Fib(1)$ 和 $Fib(2)$ 的计算复杂度 T_n 显然是 $O(2^n)$。事实上，$T_1=T_2=1\leqslant 2^n$。

假定对所有的 $1\leqslant i<n$，满足 $T_i=O(2^i)$，即存在一个常数 $C_0>1$，使得 $T_i\leqslant C_0 2^i$。于是

$$T_n=T_{n-1}+T_{n-2}+1\leqslant C_0 2^{n-1}+C_0 2^{n-2}+1\leqslant 2C_0 2^{n-1}=C_0 2^n=O(2^n)。\blacksquare$$

Q 我们说，T_n 至多是 $O(2^n)$，因为我们没有说明为什么它不能是多项式增长。但注意到斐波那契数列是用递归方式定义的。容易看到它的计算复杂度一定是指数级的。

Q 注意这里的上界 C_0 不是最佳上界（也就是说，C_0 不是满足 $T_n\leqslant C2^n$ 中最小的正数 C。有意思的是最佳上界正是它自己：$T_n=Fib(n)\times O(1)$。它的极限就是黄金分割比。

Q 使用归纳法要小心。下面我们"证明"斐波那契数列 $Fib(n)$ 的计算复杂度 $T_n=O(n)$，请读者指出错在哪里。仍然用数学归纳法。

当 $n=1$ 和 $n=2$，$Fib(1)$ 和 $Fib(2)$ 的计算复杂度 T_n 显然是 $O(n)$。事实上，$T_1=T_2=1\leqslant n$。

假定对所有的 $1\leqslant i<n$，满足 $T_i=O(i)$，即存在一个常数 $C_0>1$，使得 $T_i\leqslant C_0 i$。于是

$$T_n=T_{n-1}+T_{n-2}+1=O(n-1)+O(n-2)+1=O(n)。$$

但我们前面已经说明，它的计算复杂度是指数级的。

对斐波那契和斐波那契数列感兴趣的读者可以参看本书第八章"不会写诗的数学家不是好数学家"和第十章"黄金分割、白银分割、塑胶分割及其他"。

3.2　稳定婚姻问题

稳定婚姻问题听起来像是一个情人节的美好素材(如图 12.6)。实际上它在组合数学、经济学和计算机科学中也是一个重要的问题。

图 **12.6**　稳定婚姻问题

一个典型的例子是美国的住院医师匹配系统：它用稳定婚姻问题的算法为医学院毕业生与接收医院进行配对。这个问题的表述是，在给定两组数量一样的集合中，每个集合中的元素都有自己的对另一个集合中的元素的偏爱顺序。比如，我们的第一个集合是三位男生 $M=\{A，B，C\}$，第二个集合是三位女生 $W=\{X，Y，Z\}$。双方的偏爱顺序可以用表 12.1 来表达：

数学都知道 4

表 12.1　男女双方最初互相喜爱顺序

男生	女生			女生	男生		
A	X	Y	Z	X	B	A	C
B	Y	X	Z	Y	A	B	C
C	X	Y	Z	Z	A	B	C

我们看到，男生 A 对女生 X，Y，Z 的偏爱程度顺序是：$X>Y>Z$，女生 X 对男生 A，B，C 的偏爱程度是 $B>A>C$，等等。

我们寻求为两个集合中所有的元素配对。这样的配对有不同的方案。比如，我们可以有这样的配对：

$$\{(A，Z)，(B，Y)，(C，X)\}，$$

或者：

$$\{(B，X)，(A，Y)，(C，Z)\}。$$

进一步希望提供的配对方案是稳定的。所谓不稳定的配对是在这两组男生和女生中，没有配上对的两个男生或没有配上对的两个女生互相对对方的偏重多于对现在配对的人的偏重。在第一种配对中，A 和 Y 就相互更偏爱多于自己目前的配对。在第二种配对中，没有不稳定的情况，尽管我们可以注意到，C 和 Z 得到的都是他们最少偏重的对象，但这并不违反稳定的定义，所以是稳定的配对。我们的目的就是要找到一个达到稳定配对的一般算法。

1962 年，美国数学家大卫·盖尔和美国经济学家劳埃德·沙普利提出了盖尔－沙普利算法，这个算法可以确保如果男生组跟女生组的成员数相同时，每一名男生和女生都能找到一名伴侣，并且每个配对都是稳定的。我们用朴素的语言来描述这个算法：

（1）每天上午，每位男生向那些还没有拒绝他的女生中他最偏爱的女生求婚。

（2）每天下午，每位女生得到了一组她在上午得到的求婚；在这些男生中，她选择一位她最偏爱的男生，给他回复："可以考虑，请明天再来。"这样在她的候选人名单上她就有了一名男生。对其他的求婚者，她回复："再不考虑。"

（3）每天晚上，每一位被拒绝的男生把拒绝了他的女生从名单中删除。

这三步在以后的每一天重复，直到每一位女生都有了一个不为空集的候选人名单；而在这一天，每一位女生都与一个她的候选人名单中的一位男生配上了对。算法结束运行。

回到前面的例子，让我们使用这个算法为他们配对。假定男生向女生求婚。在开始前，女生的候选人名单中都是空白的。

第一天上午，A 和 C 向 X 求婚；B 向 Y 求婚；无人向 Z 求婚。下午，X 把 A 收入她的候选人名单中并拒绝 C；Y 只得到了 B 的求婚，所以 Y 把 B 收入自己的候选人名单中；Z 的候选人名单仍是空白。晚上，C 把 X 从他的名单中删除。这时的偏爱表变成了表 12.2：

表 12.2　男女双方第一天匹配情况

男生	女生				女生	男生		
A	X	Y	Z		X	B	A	
B	Y	X	Z		Y	A	B	C
C	Y	Z			Z	A	B	C

第二天上午,A 继续向 X 求婚;B 和 C 向 Y 求婚;仍然没有人向 Z 求婚。下午,X 继续把 A 放在她的候选人名单中;Y 把 B 收入到她的候选人名单中并拒绝 C;Z 的候选人名单仍是空白。晚上,C 把 Y 从他的名单中删除。我们再来更新一次偏爱表(如表 12.3):

表 12.3   男女双方第二天匹配情况

男生	女生			女生	男生		
A	X	Y	Z	X	B	A	
B	Y	X	Z	Y	A	B	
C			Z	Z	A	B	C

第三天上午,A 继续向 X 求婚;B 继续向 Y 求婚;C 只能向 Z 求婚。下午,X 继续把 A 放在她的候选人名单中;Y 继续把 B 放在她的候选人名单中;Z 把 C 放入她的候选人名单中。这时候,每个女生都有了候选人。于是每个女生都可以作出最佳的选择,计算结束。我们得到了这样的一个稳定配对:

$$\{(A,X),(B,Y),(C,Z)\}。$$

在一般的讨论之前,我们首先需要知道的是,是否总是存在着稳定的配对?读者可能会说,当然。如果出现了一对不稳定的配对,就让他们两人交换各自的配对好了。但这样的推理并不严谨,因为在消除一对不稳定的配对的同时可能产生新的一对不稳定的配对。这个过程会不会反复循环永不结束?我们需要严格地证明稳定配对一定存在,也就是说盖尔—沙普利算法会在有限步之后停止。直觉上,这是因为,每一位男生在每一次选择中都会在可选择的范围内选择他最偏重的一位女生,而随着时间的推移,他的选择范围只能越来越小;同时女生的选择范围也会越来越小。

所以一定会在某一个时刻，他们的配对达到一个稳定状态。我们将这段叙述用一个引理来表述：

引理（改进引理）　如果男生 M 在第 k 天向女生 W 求婚，则在随后的每一天，W 都有一个不空的候选人名单，其中有一个男生，她对于这位男生偏爱的程度至少与她偏爱的 M 相同。

证明　我们对大于或等于 k 的天数 $j(j \geqslant k)$ 用数学归纳法来证明这个引理。

（1）起始步骤（$j=k$）：在第 k 天，W 收到了至少一个求婚（当然是从 M 发来的）。在这一天结束的时候，她将有一个不空的候选人名单，其中至少有 M 或者还有另一个她偏爱的程度不亚于 M 的男生。所以引理的结论成立。

（2）递推步骤：假定引理的结论对第 j 天成立（$j \geqslant k$）。现在我们要证明在第 $j+1$ 天引理的结论成立。由归纳假设，在第 j 天，在一系列男生中有一个男生 M'，W 对 M' 的偏爱程度不小于 M。当然这里的 M' 可能就是 M。根据盖尔－沙普利算法，M' 在第 $j+1$ 天会再次向 W 求婚，因为他还没有被 W 拒绝。因此在第 $j+1$ 天的晚上，W 的候选人名单上有 M' 或者一个她偏爱程度超过 M' 的男生。无论如何，她偏爱此人的程度不亚于 M。∎

稳定婚姻问题有很多应用，也有很多变形。但证明思想是一致的。2010 年，沙普利与阿尔文·罗思获得诺贝尔经济学奖，就是因为他们把稳定婚姻问题的算法应用于稳定分配和市场设计实践上。由此可见其重要意义。由于本章是关于数学归纳法的，我们不准备给出盖尔－沙普利算法的完整证明。有兴趣的读者可以在离散数学教材中进一步学习。我们把稳定婚姻定理叙述如下：

定理（稳定婚姻定理）　稳定婚姻的盖尔－沙普利算法总能在

有限步后结束并且产生的配对是稳定的。

　　Q　在组合数学领域里，还有一个婚姻定理 —— 赫尔结婚定理（Hall's marriage theorem）。假设一群小伙儿中的每一位都与一定数目的姑娘相识，请问在什么条件下每位小伙儿都能与他认识的一位姑娘结婚？显然这是一个不同的问题。

　　稳定婚姻问题至今仍然是一个研究课题。美国麻省理工学院有一个给高中生的 PRIMES 项目，有几个学生写了一篇文章"稳定婚姻问题与数独"。高德纳等人考虑了当人数增加以至趋于无穷时有配对机会。

3.3　平面图和欧拉公式

　　学过立体几何的读者应该知道欧拉公式：$F-E+V=2$，其中 V，E 和 F 分别是立方体的点、边和面的个数。我们把 $F-E+V=2$ 也叫作欧拉示性数。早在古希腊时期，人们就知道这个公式对所有的凸多面体成立，但同时却又无法证明它（如图 12.7）。他们也具有朴素的归纳法思想，但他们的困惑是，怎么去掉一个点或者一条边呢？

图 12.7　古希腊人早就知道欧拉公式

　　我们先放下凸多面体不谈而转到平面图上。在图论中，平面图是可以画在平面上的并且使得不同的边可以互不交叠的图。在图 12.8 的六个图中，前三个是平面图，后三个不是平面图。

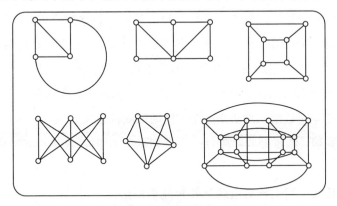

图 **12.8**　平面图和非平面图

　　平面图里有一类特殊的图：树。树是一种无向图，其中任意两个顶点间存在唯一一条路径。或者说，只要没有回路的连通图就是树。这个名字是英国数学家阿瑟·凯莱在 1857 年给出的。图 12.9 就是两个树的例子，一个简单，另一个相对复杂。

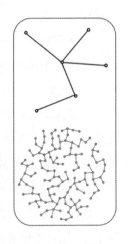

图 **12.9**　两个树的例子

　　在每个图上，我们都有一些顶点和一些边。如果一个图是平面图，那么它除了有顶点和边之外，还有一些面。所谓面就是被边划分出来的一些子区域。在图 12.8 中的第一个例子里有 4 个子区域，三个有限的区域和一个无限的区域；第二个例子里有 5 个子区域，第三个例子里有 6 个子区域。我们记顶点的总数为 V，它是英文词 vertice 的首字母；边的总数为 E，它是英文词 edge 的首字母；面的总数为 F，它是

英文词 face 的首字母。平面图的一个基本性质就是欧拉公式

$$F - E + V = 2。$$

读者一定注意到了，平面图和凸多面体的欧拉公式是一样的。这不是一个巧合，因为凸多面体可以用某种透视投影方式投影至平面形成一个连通的简单平面图。于是，凸多面体的欧拉公式就是平面图上的欧拉公式的一个推论了。这不是本章的重点。我们的重点是用数学归纳法来证明平面图的欧拉公式。

定理（欧拉公式） 对每一个连通的平面图，有 $F - E + V = 2$ 成立。

证明 我们针对边的个数 E 用归纳法。

当 $E = 0$，欧拉公式显然成立，因为这时候，这个图只有一个顶点和一个区域：$V = F = 1$。

现在假定我们有一个连通的平面图。我们分两种情况。

如果这个图是一个树，那么 $F = 1$，且 $E = V - 1$。所以欧拉公式成立。

如果这个图不是一个树。选择图中的一个环路（从一个顶点出发最后又回到这个点的路径），然后删除这条路径上的一条边。这意味着，F 和 E 都减少了一个单位。根据归纳假设，我们应该有：

$$(F - 1) - (E - 1) + V = 2，即 F - E + V = 2。\blacksquare$$

欧拉公式不是欧拉第一个证明的。该公式最早由法国数学家笛卡儿于 1635 年前后证明，但不为人所知。后来欧拉于 1750 年独立证明了这个公式。这是他在 1750 年 11 月 14 日给哥德巴赫的一封信里宣布的。由于人们不知道笛卡儿的工作，把它称为欧拉公式。后来笛卡儿的结果被世人知道了，所以也有人把它称为欧拉－笛卡儿公式。柯西也证明过这个公式，不过人们似乎认为他

的证明不够严格。欧拉公式有很多证明方法。美国计算机学家和数学家大卫·爱普斯坦收集了 20 种证明。

最后讲一个小故事：关于多面体。

1977 年，美国圣克拉拉大学的一位数学家给当地的一群 10 岁的学童发了一堆多面体，问他们会将哪些形状归类为"正多面体"。令她惊讶的是，唯一选择五个柏拉图立体的人是一位盲人学生。她让其他学生蒙起眼睛再做一遍，结果他们都做对了。"我们只用手会比我们既用手又用眼来感知事物还要有效。有的时候，少就是多。"

4. 结束语

在本章中，我们介绍了数学归纳法的历史和它在计算机科学领域的应用。数学归纳法是一个非常重要的数学技巧，我们从中学就开始学习和使用它。但是如果使用不当的话，它可能会把我们引入歧途。而当你真正地掌握了这个技巧的话，也许它能帮助你获得某种突破，至少你不会犯初等错误。希望对读者能有所帮助。

参考文献

1. 华罗庚. 数学归纳法[M]. 上海：上海教育出版社，1963.

2. 单墫，熊斌. 数列与数学归纳法[M]. 上海：上海科技教育出版社，2021.

3. 徐辉，唐淑红. 例谈数学归纳法的几种表现形式[J]. 数理化解题研究（高中版），2002，(8)：5-6.

4. 数学归纳法产生的历史背景. https://blog.csdn.net/sunstars2009918/article/details/6954640.

5. Bussey W H. The Origin of Mathematical Induction. The American Mathematical Monthly，1917，24.

6. Austin D. The Stable Marriage Problem and School Choice. http：//www. ams. org/publicoutreach/feature-column/fc-2015-03.

7. Malkevitch J. Euler's Polyhedral Formula：Part Ⅱ. http：//www. ams. org/publicoutreach/feature-column/fcarc-eulers-formulaii.

8. 张跃辉，李吉有，朱佳俊. 稳操胜券 —— 2012 年诺贝尔经济学奖之稳定婚姻[J]. 数学文化，2019，10(2)：98-103.

9. Etingof P，Gerovitch S，Khovanova T. 高中里的数学研究：PRIMES 的经验[J]. 数学文化，2021，12(4)：74-88.

10. Knuth D E，Motwani R，Pittel B. Stable husbands. arXiv：math/9201303.

11. Borodin M，etc. The Stable Matching Problem and Sudoku. arXiv：2108. 02654.

12. Malkevitch J. Euler's Polyhedral Formula. http：//www. ams. org/publicoutreach/feature-column/fcarc-eulers-formula.

13. Brasselet J，Thuy N. An elementary proof of Euler formula using Cauchy's method. arXiv：2003. 07696.

14. Twenty-one Proofs of Euler's Formula：$V-E+F=2$. https：//www. ics. uci. edu/~eppstein/junkyard/euler/.

15. Gupta A. Common Mistakes in Induction Proofs. https：// www. cs. cmu. edu/~anupamg/251-notes/induction-problems. pdf.

16. Jean Pedersen. Seeing the Idea，Mathematical Intelligencer.［Fall 1998］，20(4)：6.

第十三章 每年至少有一个 13 日是星期五

图 13.1 是一个月历的一页。不知道读者是否注意到，其中有一个特殊的日子：9 月 13 日。这一天同时是一个星期五。在这一章里，我们就来谈一谈 13 日星期五。在开始本章之前，我们提醒读者注意，图 13.1 中的星期日是在第一列。一方面这是一周开始的第一天，另一方面，在数学上这样的表格比我们通常习惯的把星期日放在最后更为合理。

图 **13.1** 一本 2019 年的月历

1. 什么是"13 日星期五"？

在西方，有一个奇怪的信念：如果一个 13 日是星期五的话，那是一个不祥的日子。当这样的一天来临时，上班的人会说：开车小心；搞股票的人会说：今天买可别被套牢了；学生会说：今天考试可别砸了……关于这个迷信的由来似乎不是很清楚。有一种说法是，这是由于历史上圣殿骑士团在 1307 年 10 月 13 日遭到屠杀的事件，当日上午法国国王腓力四世下令逮捕并屠杀境内所有的圣殿骑士团成员，而这天正好同时是 13 日与星期五（如图 13.2）。

图 **13.2**　圣殿骑士团遭逮捕屠杀的当天，正好同时是 13 日与星期五/维基百科

另一个起源是来自《圣经》中最后的晚餐，相传耶稣遭其门徒之一的犹大出卖而被逮捕当天即是星期五，而且犹大是当天最后的晚餐中的第 13 位客人。西方人甚至对"13"和"13 日星期五"给出了颇为科学的名字："十三恐惧症"（triskaidekaphobia）。数秘学家（numerologist）认为 12 是完整的数目，这反映在一年有 12 个月、十二小时制、十二星座、耶稣十二门徒、奥林匹斯十二主神等，而 13 则超出了这个完整性（如图 13.3）。

图 **13.3**　《最后的晚餐》也是 13 号星期五的起源之一/维基百科

　　我们当然不相信这样的一天与其他日子有什么不同，但我们从心里也会不由自主地希望每一个星期五都不是 13 日。那么，这样的愿望是可能的吗？让我们以一个做游戏的心态来看一看这个问题和由此引发的其他问题。

2. 模计算

　　在下面的讨论中，我们会反复地使用模计算。所以让我们先来回忆一下什么是模计算。

　　当我们做两个正整数的除法时，我们会得到下面的式子：

$\dfrac{n}{m} = q$ 余 r。其中，n 是被除数，m 是除数，q 是商，r 是余数。

　　有时候，我们只对余数感兴趣。在这种情况下，有一个计算符号叫模，记作 mod，于是：$n \equiv r \pmod{m}$。这里我们用了"$\equiv$"以强调它不是一个普通意义下的等式。但我们用普通的等号"$=$"也不会引起误会。让我们看一个具体的例子。

　　给一个非负整数 n，计算 $n = ? \pmod 7$：

$1=1(\bmod 7)$	$11=4(\bmod 7)$	$21=0(\bmod 7)$
$2=2(\bmod 7)$	$12=5(\bmod 7)$	$22=1(\bmod 7)$
$3=3(\bmod 7)$	$13=6(\bmod 7)$	$23=2(\bmod 7)$
$4=4(\bmod 7)$	$14=0(\bmod 7)$	$24=3(\bmod 7)$
$5=5(\bmod 7)$	$15=1(\bmod 7)$	$25=4(\bmod 7)$
$6=6(\bmod 7)$	$16=2(\bmod 7)$	$26=5(\bmod 7)$
$7=0(\bmod 7)$	$17=3(\bmod 7)$	$27=6(\bmod 7)$
$8=1(\bmod 7)$	$18=4(\bmod 7)$	$28=0(\bmod 7)$
$9=2(\bmod 7)$	$19=5(\bmod 7)$	$29=1(\bmod 7)$
$10=3(\bmod 7)$	$20=6(\bmod 7)$	$30=2(\bmod 7)$

如果把左边的数当作一个月的某一天,那么上面的模计算就给出了一周里的七天:1 代表星期一,2 代表星期二,…,6 代表星期六,0 代表星期日。

值得一提的是,模运算是数学王子高斯的伟大发明。有可能他最初的目的是算出他的出生日期,因为他的母亲只记得他出生于耶稣升天节前八天的一个星期三(复活节后第三十九天)。我们在后面还要提到高斯的算法。

3. 关于 13 日星期五的几个问题

现在我们回到 13 日星期五的讨论。第一个问题:每年都会有 13 日星期五吗?首先,容易看出,某一个月的 13 日是星期五当且仅当那个月的 1 日是星期日。我们需要分平年和闰年①两种情况。让我们先考虑平年的情况。假定 1 月的第 1 天是星期 n，其中 $n=$ 0，1，2，3，4，5，6（0 代表星期日，1 代表星期一，依此类推）。那么我们有：

1 月的第 1 天是星期 n；

2 月的第 1 天是星期 $n+3$（mod 7），因为 1 月有 31 天，并且 $31=3$（mod 7）；

3 月的第 1 天是星期 $n+3$（mod 7）；

4 月的第 1 天是星期 $n+6$（mod 7）；

5 月的第 1 天是星期 $n+8=n+1$（mod 7），因为 4 月有 30 天，并且 $30=2$（mod 7）；

6 月的第 1 天是星期 $n+4$（mod 7）；

7 月的第 1 天是星期 $n+6$（mod 7）；

8 月的第 1 天是星期 $n+9$（mod 7）$=n+2$（mod 7）；

9 月的第 1 天是星期 $n+5$（mod 7）。

到现在，我们在模的意义下，已经有星期 n、星期 $n+1$、星期 $n+2$、星期 $n+3$、星期 $n+4$、星期 $n+5$ 和星期 $n+6$。所以，至少在 1 月到 9 月之间有一个月是以星期日开始的。于是在这个月里的 13 日是星期五。

对闰年的讨论类似，我们把模计算符号省略，但记住我们仍然是在做模计算：

1 月的第 1 天是星期 n；

2 月的第 1 天是星期 $n+3$；

---

① 平年：2 月共有 28 天；闰年：2 月共有 29 天。

3 月的第 1 天是星期 $n+4$；

4 月的第 1 天是星期 n；

5 月的第 1 天是星期 $n+2$；

6 月的第 1 天是星期 $n+5$；

7 月的第 1 天是星期 n；

8 月的第 1 天是星期 $n+3$；

9 月的第 1 天是星期 $n+6$；

10 月的第 1 天是星期 $n+1$。

类似上面平年的讨论，我们可以说，在闰年里，在 1 月到 10 月之间一定有一个月的 13 日是星期五。

第二个问题：在一年里会不会有两个 13 日是星期五呢？答案是不一定。比如 2020 年有两个 13 日落在了星期五：3 月和 11 月，但 2021 年只有一个：8 月 13 日。根据沃尔夫勒姆的计算，每年平均有 1.72 个星期五是 13 日，也就是说一年里有两个 13 日落在星期五的机率比一个的机率要高一些；而且 13 日落在星期五的可能性比落在其他日的要大一些。

那么我们可以继续问第三个问题：一年里会不会有三个 13 日是星期五呢？答案是也有可能。比如，2037 年就有三个 13 日是星期五：2 月、3 月和 11 月。但这个机率要小得多。

说到这里，相信一定会有读者问：那么在一年里，会不会有四个或更多的 13 日是星期五呢？答案是不会。但这就不是靠举例子能证明的了。那么我们该如何给出一个严格的证明呢？

我们可以继续使用上面的模计算的方法来讨论。容易看出，一年里的每一天是星期几完全由那一年的 1 月 1 日是星期几所确定；而且，如果某一个月的 13 日是星期五，那么那个月的 1 日一定是星期日。所以，我们数一数在一年里有多少个月的 1 日是星期日。

让我们还是分平年和闰年两种情况来讨论。先考虑平年的情况。记住，我们仍用 0 代表星期日，1 代表星期一，…，6 代表星期六。用模计算，我们可以建立下面的表格（或者干脆找一个年历作一个记录）。其中的数字代表一周里的日子(0～6)。

表 13.1　平年里每月第一天的关系

	第 1 列	第 2 列	第 3 列	第 4 列	第 5 列	第 6 列	第 7 列
1 月 1 日	0	1	2	3	4	5	6
2 月 1 日	3	4	5	6	0	1	2
3 月 1 日	3	4	5	6	0	1	2
4 月 1 日	6	0	1	2	3	4	5
5 月 1 日	1	2	3	4	5	6	0
6 月 1 日	4	5	6	0	1	2	3
7 月 1 日	6	0	1	2	3	4	5
8 月 1 日	2	3	4	5	6	0	1
9 月 1 日	5	6	0	1	2	3	4
10 月 1 日	0	1	2	3	4	5	6
11 月 1 日	3	4	5	6	0	1	2
12 月 1 日	5	6	0	1	2	3	4

从表 13.1 看，如果 1 月 1 日是星期日（第 1 列），那么 10 月 1 日也是星期日。所以那一年会有两个 13 日是星期五（用蓝色的 0 表示）。如果 1 月 1 日是星期一（第 2 列），那么 4 月 1 日和 7 月 1 日也是星期日。所以那一年也会有两个 13 日是星期五。如果 1 月 1

日是星期四（第 5 列），那么 2 月 1 日、3 月 1 日和 11 月 1 日都是星期日。所以那一年会有三个 13 日是星期五。

再来看闰年。我们也来制作一个类似的表 13.2：

表 13.2　闰年里每月第一天的关系

	第 1 列	第 2 列	第 3 列	第 4 列	第 5 列	第 6 列	第 7 列
1 月 1 日	0	1	2	3	4	5	6
2 月 1 日	3	4	5	6	0	1	2
3 月 1 日	4	5	6	0	1	2	3
4 月 1 日	0	1	2	3	4	5	6
5 月 1 日	2	3	4	5	6	0	1
6 月 1 日	5	6	0	1	2	3	4
7 月 1 日	0	1	2	3	4	5	6
8 月 1 日	3	4	5	6	0	1	2
9 月 1 日	6	0	1	2	3	4	5
10 月 1 日	1	2	3	4	5	6	0
11 月 1 日	4	5	6	0	1	2	3
12 月 1 日	6	0	1	2	3	4	5

我们看到，在闰年里，如果 1 月 1 日是星期日，那么那一年的 1 月 13 日、4 月 13 日和 7 月 13 日都是星期五。

一年里会有 4 个、5 个或多个星期五是 13 日吗？不会。从上面的两张表我们看到，一个月里只可能有一个、两个和三个星期五是 13 日。

不要被上面的两个表格迷惑。1 月 1 日出现在一周的哪一天并不是很有规律的。让我们看一下从 2001 年到 2040 年的情况（如表 13.3）：

表 13.3　从 2001 年到 2040 年的 1 月 1 日出现在哪一天的规律

年	2001	2002	2003	2004	2005	2006	2007	2008	2009	2010
n	1	2	3	4	6	0	1	2	4	5
年	2011	2012	2013	2014	2015	2016	2017	2018	2019	2020
n	6	0	2	3	4	5	0	1	2	3
年	2021	2022	2023	2024	2025	2026	2027	2028	2029	2030
n	5	6	0	1	3	4	5	6	1	2
年	2031	2032	2033	2034	2035	2036	2037	2038	2039	2040
n	3	4	6	0	1	2	4	5	6	0

　　我们看到，在这 40 年里，n 跳跃的时候都是在闰年的下一年。其他年份里 n 都是以 +1 的规律递增的。这似乎是挺有规律的。但问题是，闰年的出现并不是如此有规律。我们都知道，太阳的回归年大约比 365.25 少一点点（更精确地说是大约 365.242 199 17 日），所以每四年会多出一天来。于是人们规定，每四年会有一个闰月，即在 2 月增加一天以去除多出的这一天所造成的烦恼。如果年份可以被 4 整除，那么那一年就是闰年。而当年份达到一百年时，这个规律会被打破。比如，2100 年不是一个闰年，尽管 2100 可以被 4 整除。这个规律在四百年后的时候又会被再次破坏：那一年会有一个闰月。所以，我们必须把我们的考虑放在一个 400 年的周期里。当然这个闰年规定还是与回归年有一定的误差。（按这个规定，每 8 000 年又约差一日。但这似乎还很遥远。人们还没有在实际应用中考虑到它。）在四百年里有 146 097 日，正好是 20 871 周。我们将看到，13 日星期五的出现正好是一个周期。

❓这里插入一个小故事。印度政治活动家莫拉尔吉·德赛在 81 岁那年担任印度总理，是世界上当选总理时年龄最大的人。他出生后的第一个生日是在八年之后。你能判断出他的生日吗？

现在我们考虑本节的最后一个问题：一年里分别出现一次、两次和三次 13 日星期五的概率是多少？为了回答这个问题，一个办法是像表 13.3 那样从 2001 年到 2400 年罗列出每年的 1 月 1 日是星期几。另一个办法就是写一个小程序，自动计算出出现一次、两次和三次 13 日星期五的次数。然后注意到，根据表 13.1 在平年里，当 1 月 1 日是星期三、星期五和星期六时只有一次 13 日星期五，当 1 月 1 日是星期日、星期一和星期二时有两次，当 1 月 1 日是星期四时有三次；根据表 13.2 在闰年里，当 1 月 1 日是星期二、星期五和星期六时只有一次 13 日星期五，当 1 月 1 日是星期一、星期三和星期四时有两次，当 1 月 1 日是星期日时有三次。现在我们写出 Python 程序：

```
import sys

def isLeap(n):
    """
    Given a year n, return a flag whether it is a leap year or not.
    """

    if ((n % 4 == 0 and n % 100 ! = 0) or (n % 400 == 0)):
        return True
    else:
        return False

def getFriday13Count():
    """
    Count the total number of times that Friday, 13th happens in a year.
     Usage: python getFriday13Count n (For example: python getFriday13Count 2400)
```

Here，n is the year to end. It always starts in the year 2000.
It returns three counts from year 2000 to year n：
the total number of times that Friday，13th happens once in a year，
the total number of times that Friday，13th happens twice in a year，and
the total number of times that Friday，13th happens 3 times in a year.
"""

```
numEnd = int(sys. argv[1]) + 1

m0 = 6 # 2000/1/1 is a Saturday.
m1 = 0；m2 = 0；m3 = 0

for n in range (2001，numEnd)：
    if isLeap(n-1)：
        m = (m0 + 2) % 7
        m0 = m
        if (m in [3，5，6])：m1 = m1 + 1
        if (m in [0，1，2])：m2 = m2 + 1
        if (m in [4])：      m3 = m3 + 1
    else：
        m = (m0 + 1) % 7              m0 = m
        if isLeap(n)：
            if (m in [2，5，6])：m1 = m1 + 1
            if (m in [1，3，4])：m2 = m2 + 1
            if (m in [0])：      m3 = m3 + 1
        else：
            if (m in [3，5，6])：m1 = m1 + 1
            if (m in [0，1，2])：m2 = m2 + 1
            if (m in [4])：      m3 = m3 + 1
print (The count that Fri 13th happens 1 time   in a year is′+str(m1))
print (The count that Fri 13th happens 2 times in a year is′+str(m2))
print (The count that Fri 13th happens 3 times in a year is′+str(m3))

getFriday13Count()
```

Python 语言的模计算是"%"。注意在这个小程序中我们多次用到了这个计算功能。这个程序可以在 Python2 和 Python3 环境下运行。我们现在看看从 2001 年到 2400 年里的 13 日星期五。取 $n=2\,400$，运行结果如下（如图 13.4）：

图 **13.4**　Python 程序运行截图

我们看到，出现一次 13 日星期五的次数是 171 次，概率是 $\frac{171}{400}=0.427\,5$；出现两次的次数是 170 次，概率为 $\frac{170}{400}=0.425$；出现三次的次数是 59 次，概率是 $\frac{59}{400}=0.147\,5$。在这 400 年中，13 日星期五共出现：$171+2\times170+3\times59=688$ 次。所以平均一年里会出现 $\frac{688}{400}=1.72$ 次 13 日星期五。这正好是前面提到的沃尔夫勒姆的结果。

数学工作者有时在解决一个问题之前会写一段程序来验证预想的结果，所以即使是纯数学家也应该有编程的能力。$\boxed{\text{Q}}$ 读者能不能写出一段程序，把 1 000 以内的所有素数都找出来？

虽然 13 日星期五不是一个不吉祥的日子，但是我们把它作为一个有趣的数学问题来考虑还是挺有意思的。

4. 星期的计算

我们不妨把讨论稍微再推广一点。不看日历，你能不能判断已经过去的 2001 年 3 月 21 日是星期几？或者将来的 2076 年 1 月 1 日是星期几？用模计算，我们都可以回答这些问题。在继续讨论之前，我们强调，这里的计算都是基于格里历（Gregorian calendar）的。也就是我们前面说到的闰年的定义。

历史上有多个计算公式，包括一个高斯给出的公式。高斯从来没有发表过他的结果，但被后人收集到了他的文集中。还有一个是查尔斯·道奇森的公式。这个道奇森的笔名更出名：路易斯·卡罗，他用这个笔名出版了《爱丽丝梦游仙境》。他还有一本《枕边醒觉问题》（*Pillow Problems Thought out during Wakeful Hours*），其中有 72 个数学问题，据说这些问题都是他心算解决了的。不过，我们要介绍的是一个相对简单一点的"蔡勒公式"（Zeller's congruence）。它是德国数学家克里斯蒂安·蔡勒在 1880 年发现的。这个公式如下：

$$w = \left(d + \left[\frac{13m-1}{5} \right] + y + \left[\frac{y}{4} \right] + \left[\frac{c}{4} \right] - 2c \right) (\mathrm{mod}\ 7)。$$

其中 w 是星期，它的取值与我们前面的定义相符，即星期日是 0，星期一是 1，等。m 是月份。关于月份要说明一下。m 的取值方法是：从 3 月开始，3 月的 $m=1$，4 月的 $m=2$，12 月的 $m=10$，1 月和 2 月对应于前一年的 $m=11$ 和 $m=12$。比如 2020 年 1 月 1 日应该被看作是 2019 年的 11 月 1 日。d 是日。$[x]$ 称为高斯符号，代表向下取整，即取不大于原数的最大整数。比如 $[\pi]=3$。c 是年份的前两位；y 是年份的后两位。比如 2019 年中 $c=20$，$y=19$。但是当考虑的月份是 1 月和 2 月时，y 必须是前一年的后两位，即 $y=18$。让我们用 2020 年 1 月 1 日来测试一下：$c=20$，$y=19$，$m=11$，$d=1$。于是

$$w = \left(1 + \left[\frac{13 \times 11-1}{5} \right] + 19 + \left[\frac{19}{4} \right] + \left[\frac{20}{4} \right] - 2 \times 20 \right) (\mathrm{mod}\ 7)$$

$$= (1+28+19+4+5-40)(\mathrm{mod}\ 7) = 17(\mathrm{mod}\ 7) = 3。$$

所以 2020 年 1 月 1 日是星期三，与表 13.3 一致。读者也可以找一个 2020 年的日历验证一下。

上面的公式美中不足的是，对应于 3 月，$m=1$。我们更喜欢

取 3。我们不妨让 $M=m+2$，然后修改上面的公式：

$$w = \left(d + \left[\frac{13(M-2)-1}{5}\right] + y + \left[\frac{y}{4}\right] + \left[\frac{c}{4}\right] - 2c\right)(\mathrm{mod}\ 7)$$

$$= \left(d + \left[\frac{13M-27}{5}\right] + y + \left[\frac{y}{4}\right] + \left[\frac{c}{4}\right] - 2c\right)(\mathrm{mod}\ 7)$$

$$= \left(d + \left[\frac{13M-27}{5}\right] + \frac{35}{5} + y + \left[\frac{y}{4}\right] + \left[\frac{c}{4}\right] - 2c\right)(\mathrm{mod}\ 7)$$

$$= \left(d + \left[\frac{13M+8}{5}\right] + y + \left[\frac{y}{4}\right] + \left[\frac{c}{4}\right] - 2c\right)(\mathrm{mod}\ 7)$$

$$= \left(d + \left[\frac{13(M+1)}{5}\right] - 1 + y + \left[\frac{y}{4}\right] + \left[\frac{c}{4}\right] - 2c\right)(\mathrm{mod}\ 7)。$$

题 有人发现 1971 年的日历和 2021 年的日历是相同的。是不是每 50 年日历就会重复呢？能否总结出一个规律来？

题 卡罗不仅仅写了一本《爱丽丝梦游仙境》，他还喜欢出数学趣题。让我们来看一道他出的题：

假设没有一个真正欣赏贝多芬的人在演奏《月光奏鸣曲》时能保持沉默。牛对音乐一无所知。不管谁对音乐一无所知都不能在播放《月光奏鸣曲》的时候保持沉默。请问你能得出什么结论？

5. 康威的万年历算法(基准日算法)

2020 年 4 月 11 日，英国数学家康威因新冠肺炎并发症在美国普林斯顿去世。人们在悼念他的时候，除了纪念他发明的生命游戏外，还提到了他能心算万年历。这是他在 1973 年设计出来的。那个时候他一直是在"玩"。生命游戏和心算万年历都是他玩的项目。而这个算法的好处就是心算。康威通常能在两秒时间就得到答案。为了锻炼自己的速算能力，他在自己的计算机里写了一个小程序。每次他上机的时候，都会有一个随机的日子跳出来。俄裔美国数学家谭雅·科瓦诺娃曾听康威亲自讲解这个算法并把它详细写了出来。我们也在这里介绍一下这个算法。

康威算法的英文是"Doomsday rule"。如果直译的话应该叫作"末日规则"。大概这个名字在中国人看来太不吉利了，所以中国人把它翻译成了万年历①。万年历的英文是"Perpetual calendar"。康威的算法对所有的年份都适用，符合万年历的定义。从下面的讨论来看，我们认为还是称为"基准日规则"（或基准日算法）为好。

康威的算法需要使用者记住一个日子。我们把每年 2 月的最后一天称为"基准日"（Doomsday，直译是"末日"）。比如 2020 年 2 月 29 日是星期六。所以 2020 年的基准日就是星期六。理论上说，有了这个日子，那么我们可以用模算术的方法得出这一年中每天是星期几。当然如果你能多记几个基准日，那么你会算得快一些。这个算法的巧妙之处就是：4 月 4 日、6 月 6 日、8 月 8 日、10 月 10 日和 12 月 12 日也都是基准日。这是因为从 4 月到 11 月中每间隔两个月的天数都是 30＋31＝61 天，再加上 2 后得 63，正好被 7 整除。于是我们得到了五个基准日。这五个日子都容易记住。

我们希望能在每个月中找一个基准日。让我们先在 5 月至 11 月之间的奇数月中确定基准日。我们选择两组对称的日子：5 月 9 日和 9 月 5 日、7 月 11 日和 11 月 7 日。我们知道"7—11"是一家连锁便利店。我们可以说："我在 7—11 有一个 9～5 的工作。"由于 2 月的最后一天是一个基准日，3 月就不必再选一个了。康威把 2 月的最后一天称为"3 月 0 日"。有人喜欢用 3 月 14 日，因为这一

---

① 这样的例子还有"布里丹之驴"，其英文原文是"Buridan's ass"，如果直译的话就是"布里丹之腚"。

天是"PI day"。这样 2 月和 3 月就各有一个基准日了。

下面我们还需要在 1 月里找一个容易记忆的基准日。这就需要区分闰年和平年了。在平年，1 月 3 日是基准日；在闰年，1 月 4 日是基准日。于是我们每个月都有了基准日。我们把这些关键的基准日放到 2020 年的年历中，注意 2020 年是一个闰年，所以需要把 1 月 4 日放进去(如图 13.5)。

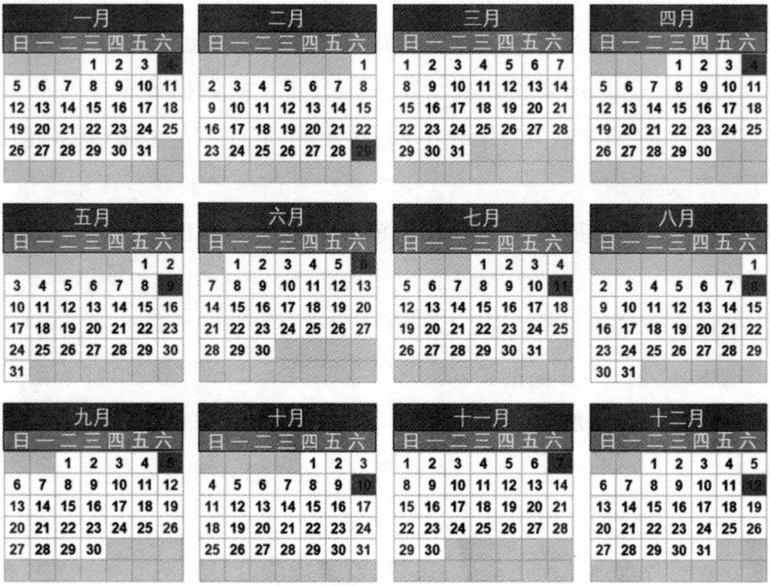

图 13.5　闰年 2020 年的基准日是星期六

再看下一年 2021 年（如图 13.6）。这是一个平年。我们看到 2021 年的基准日是星期日，其中包括 1 月 3 日。

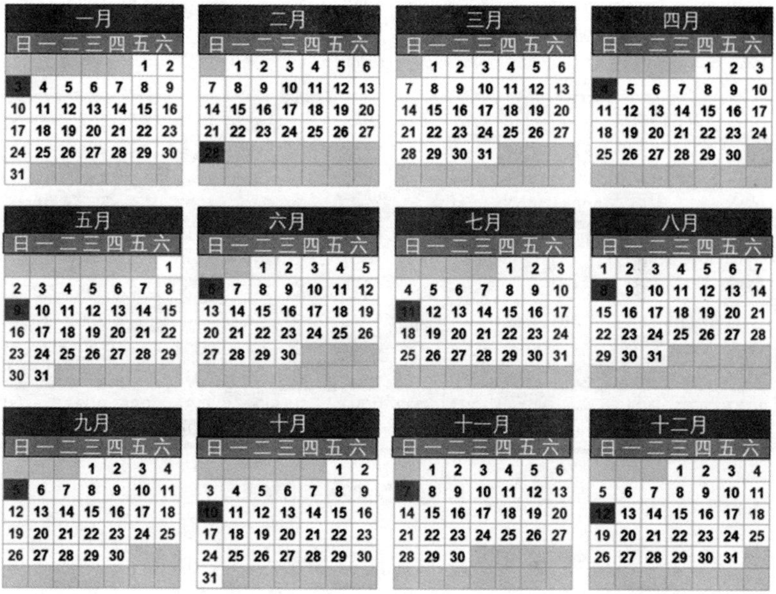

图 **13.6** 平年 2021 年的基准日是星期日

让我们举几个例子。康威是在 2020 年 4 月 11 日去世的。我们知道 4 月 4 日是星期六，而 4 月 11 日是 7 天后，所以 4 月 11 日也是星期六。12 月 25 日是圣诞节。我们从 12 月 12 日基准日出发，两周后的基准日是 12 月 26 日。于是 12 月 25 日就是星期五。这个方法是不是很简单？

读者可能要问了，那其他年份的日子怎么算？我们的读者都是出生在 20 世纪和 21 世纪，所以我们就从 1900 年开始吧。我们首先要记住的是 1900 年（平年）的基准日是星期三。我们把这 200 年的基准日都列在下表中（如图 13.7）：

日	一	二	三	四	五	六	日	一	二	三	四	五	六
1897	1898	1899	1900	1901	1902	1903	——	1904	1905	1906	1907	——	1908
1909	1910	1911	——	1912	1913	1914	1915	——	1916	1917	1918	1919	——
1920	1921	1922	1923	——	1924	1925	1926	1927	----	1928	1929	1930	1931
——	1932	1933	1934	1935	——	1936	1937	1938	1939	——	1940	1941	1942
1943	——	1944	1945	1946	1947	——	1948	1949	1950	1951	——	1952	1953
1954	1955	——	1956	1957	1958	1959	——	1960	1961	1962	1963	——	1964
1965	1966	1967	——	1968	1969	1970	1971	——	1972	1973	1974	1975	——
1976	1977	1978	1979	——	1980	1981	1982	1983	——	1984	1985	1986	1987
——	1988	1989	1990	1991	——	1992	1993	1994	1995	----	1996	1997	1998
1999	——	2000	2001	2002	2003	——	2004	2005	2006	2007	——	2008	2009
2010	2011	——	2012	2013	2014	2015	——	2016	2017	2018	2019	——	2020
2021	2022	2023	——	2024	2025	2026	2027	——	2028	2029	2030	2031	——
2032	2033	2034	2035	——	2036	2037	2038	2039	——	2040	2041	2042	2043
——	2044	2045	2046	2047	——	2048	2049	2050	2051	——	2052	2053	2054
2055	——	2056	2057	2058	2059	——	2060	2061	2062	2063	——	2064	2065
2066	2067	——	2068	2069	2070	2071	——	2072	2073	2074	2075	——	2076
2077	2078	2079	——	2080	2081	2082	2083	——	2084	2085	2086	2087	——
2088	2089	2090	2091	——	2092	2093	2094	2095	——	2096	2097	2098	2099

图 13.7　1897 年至 2099 年的基准日

我们看到，每 12 年基准日会向后移动一天。比如，1900 年的基准日是星期三。请记住，星期日是第 0 日，星期一是第 1 日，…，星期六是第 6 日。所以 1900 年的基准日是第 3 日。让我们把 1900 年叫作基准年，那么这个日子就叫作基准年的基准日，记作 $n_0 = 3$。那么 1912 年的基准日就是星期四，1924 年的基准日就是星期五，1936 年的基准日就是星期六，1948 年的基准日就是星期日，1960 年的基准日就是星期一，依此类推。于是我们可以得到下面的规则。给 20 世纪的任意一年 19YY，做如下计算：

第 1 步，基准年的基准日为 $n_0 = 3$；

第 2 步，在 YY 中有几个 12，记为 x；

第 3 步，在第 2 步中的余数，记为 y；

第 4 步，在 y 中有多少个 4，记为 z。

现在把这四个数加在一起并做模 7 运算，得

$$n = n_0 + x + y + z \pmod{7}。$$

这个结果就是 19YY 年的基准日。

让我们举一个例子。1977 年是中国恢复高考的第一年。那一年的基准日是星期几？这里 YY＝77，$n_0 = 3$。我们看到，77÷12＝6 余 5。所以 $x = 6$，$y = 5$，$z = 1$。于是，$n = 3 + 6 + 5 + 1 = 15 = 1 \pmod{7}$。所以 1977 年的基准日是星期一。

那么 21 世纪的基准日怎么算呢？让我们考虑 20YY 年。事实上，我们只要在 YY 的基础上加 100 就可以了。

让我们再举一个例子。2021 年中的 YY＝21。加上 100 就是 YY＝121，此时 $n_0 = 3$。容易算出 $x = 10$，$y = 1$，$z = 0$。于是 $n = 3 + 10 + 1 + 0 = 14 = 0 \pmod{7}$。所以，2021 年的基准日是星期日。

如果我们把 2000 年当作基准年，即选择 $n_0 = 2$。那么我们就没有必要加上 100 了。

那么 21YY 年呢？请读者自己思考。注意 2100 年不是闰年。

康威的万年历算法还有一些细节。我们在本章里不多讨论。我们应该学习的是康威对一件"小事"的认真，他在 365 天里能想到去寻找那些关键的日子并找到那些容易记忆的基准日。让我们的计算变得容易。我们想做点事情的人都需要培养这样的科学思维能力。

(题)康威出生于 1937 年 12 月 26 日。请问那一天是星期几？

(题)现在读者学习了康威的万年历算法，不妨试一试每天开机的时候算一个随机的日子是星期几？

(Q)一个世纪的第一天不可能是一个星期里的哪几天？

6. 康威的成功秘诀

2010 年 1 月，康威曾经对俄裔美国数学家科瓦诺娃介绍了自己的成功秘诀。当然康威的成功与他受到的教育、他的天赋、他的机遇和他的勤奋都有关系，但他介绍的秘诀对我们所有人都适用，只要我们真正地想做一些事情。下面我们把康威的秘诀介绍给读者。

第一，同时思考几个问题。如果你只有一个问题要解决又卡在那里了，你可能会感到忧郁。最好有一个简单一点的备用问题。这个简单的问题是治疗忧郁的良药，它可以让你在心情好了以后再回到你的难题上去。康威认为对他来说，最好的途径是同时有 6 个问题在考虑。

第二，根据特定目标来选择你的问题。你选择的问题不应该是随机的。它们应该彼此保持平衡。下面是他对你的项目清单所给予的建议：

(1) 重大的问题。有一个问题应该是既困难又重要的。它应该是对你而言的黎曼猜想。把你的全部时间都放在这个问题上是不明智的。它很可能让你感到压抑而又得不到成功。但你时不时地能回过头来去试一下也是挺好的。可能你真地就来了灵感呢。那可能让你一夜成名而不至于牺牲太多。

(2) 可行的问题。有一个问题应该是你知道从何入手的。最好这个问题需要你花费大量的精力。当你在别的问题上卡壳的时候，你可以回到这个问题上并作出下一步。这样会让你重新获得成就感。当你感觉自己完全没有思路或你非常疲惫的时候，能有一个让你一步一步向前走的问题是再好不过了。

(3) 书中的问题。把你的书作为你的问题之一。如果你总是在写书，那么你会写出很多来。当你没有写作心情的时候，那就去考虑一个将来可以收进你的书的数学问题吧。

(4)有趣的问题。如果你不再享受生活，那么你会觉得活得没有意思。你永远应该有至少一个你认为有意思的问题。

第三，享受生活。重要的问题永远都不应干扰乐趣。这里的乐趣到底是什么呢？当然对于康威来说，乐趣不一定是看电影或打高尔夫球。万年历也是他的乐趣。人生最大的乐趣在于自己的工作就是自己的乐趣。

美国数学会在 2013 年对康威有一次采访。康威表达了同样的意思。他说，他没有做过那些想成功的人所要做的数学，他甚至没有真正做数学。但不管做什么，他都做得很好，因为"我有一个成功的秘诀"，康威说。这个秘诀就是"在空中保持 6 个球"。他的意思就是：他总是同时思考 6 个问题。当然不是真的在每一个时刻同时思考 6 个问题，而是心里总是有 6 个问题。当你在一个问题上卡壳了，那就换下一个问题。这些问题可能是报纸上的字谜、数独，也可能是康威圆问题(本书第五章"沃罗诺伊图和格奥尔基·沃罗诺伊")、万年历问题或者是生命游戏。类似万年历算法的小问题还有：如何不真正走一遍楼梯而能数出楼梯的阶数，如何读一沓双面打印的散页。他经常在兜里揣着扑克牌、骰子、线绳、铅笔、妙妙圈(Slinky)或者模型自行车，为的是他随时可以验证他的突发奇想。在这里，好奇心是主导他行为的动力。至于解决问题后能否出名则完全不在他的考虑之中。余下的话就不必多说了，读者已经得到了他的真诀。

美国物理学家费曼也曾经给过一个忠告，与康威颇为相似。他说：你必须不断将一打最喜欢的问题放在脑海中，尽管总的来说这些问题将处于休眠状态。每次听到或看到某个新技巧或新结果时，就针对你的那 12 个问题中的每一个进行测试，看其是否会有帮助。每过一段时间就会有所发现。人们就会说："他是怎么做到的？他一定是个天才!"这里康威的 6 个问题和费曼的 12 个问题是一个意思。

我们再来讲一个康威的故事，一起来体验一下康威是怎么玩数学的。

2014 年，康威悬赏一千美元提出了一个小小的猜想：任给一个正整数 n，写出 n 的素数分解，比如 $60 = 2^2 \times 3 \times 5$，其中素数按递增顺序排列并忽略指数 1。然后把指数落下，排在它的底的后面。删除所有的乘号。这样我们得到了一个函数 $f(n)$。比如 $f(60) = 2\,235$。再对所得结果进行相同的映射，直到我们得到一个素数。比如 $f(2\,235) = 35\,149$。因为 35 149 已经是一个素数了，所以这个过程结束。康威的猜想是：这个过程一定会停止于一个素数。多数人可能会拿小的整数来试。至今为止，对 $n = 20$，还没有发现这个过程会截止在哪里。但是三年后一位神秘的"非数学家"给出了一个反例：$k = 13\,532\,385\,396\,179 = 13 \times 53^2 \times 3\,853 \times 96\,179$。因为 $f(k) = k$，所以这个过程永远不会出现素数。你是否能写出一个程序来表达映射 $f(n)$？不知这位神秘人物是否得到了一千美元的奖赏。后来有人把这个映射称为"赚钱的循环"（Lucrative loop）。

康威的故事在互联网上有很多，这些故事涉及上面全部四类问题。从这些故事我们可以体会到他的工作方式。我们希望读者也能培养起做科学研究的良好习惯，在自己的领域取得成功。

Q 读者不妨考虑一下，康威的秘诀对我们有什么帮助？

7. 结束语

我们应当以科学知识指导我们的认知。我们对任何事物都会问一个"为什么"。我们不相信"13 日星期五"会给我们带来噩运。一旦我们知道了日历中的规律，模计算就可以让我们"预测"任何日子的到来。

参考文献

1. Friday the Thirteenth. http：// scienceworld. wolfram. com/astronomy/FridaytheThirteenth. html.

2. Prove that every year has at least one Friday the 13th. https：//math. stackexchange. com/questions/59135/prove-that-every-year-has-at-least-one-friday-the-13th.

3. Ben Greenman. Calendar Computation. https：//users. cs. utah. edu/~blg/resources/notes/math-explorers/calendar _ computations. pdf.

4. 应俊耀. 同余式与模运算：数学王子高斯的伟大发明[M]. https：//mp. weixin. qq. com/s/LKBM8bl45C73t3KG54gOfA.

5. Tanya Khovanova. The 2009's Doomsday is Saturday. https：//blog. tanyakhovanova. com/2009/06/the-2009s-doomsday-is-saturday/.

6. Tanya Khovanova. The Second Doomsday Lesson. https：//blog. tanyakhovanova. com/2010/04/the-second-doomsday-lesson/.

7. Tanya Khovanova. Conway's Recipe for Success. https：//blog. tanyakhovanova. com/2010/03/conways-recipe-for-success/.

8. Dierk Schleicher. Interview with John Horton Conway，Notices of the AMS，2013(5).

部分人名索引

阿尔布雷希特·丢勒（Albrecht Dürer，1471—1528）§2.1

亨利·杜德耐（Henry Ernest Dudeney，1857—1930）§2.1，§11.5

E

恩诺皮德斯（Oenopides of Chios，前 490—）§2.1，§11.4

F

汉斯·范德兰（Hans van der Laan，1904—1991）§10.4

山姆·范德维尔德（Sam Vandervelde，1971）§1.3

格奥尔基·费奥多谢维奇·沃罗诺伊（Georgy Voronoy，1868—1908）§5

斐波那契（Leonardo Fibonacci，1175—1250）§8.1，§10.1

皮埃尔·德·费马（Pierre de Fermat，1607—1665）§9.1，§12.2

理查德·费曼（Richard Philips Feynman，1918—1988）§2.1，§13.6

古斯塔夫·西奥多·费希纳（Gustav Theodor Fechner，1801—1887）§10.3

马修·芬恩（Matthew D. Finn）§10.7

哈利·弗兰德斯（Harley Flanders，1925—2013）§7.2

G

大卫·盖尔（David Gale，1921—2008）§12.3

理查德·盖伊（Richard K. Guy，1916—2020）§11.4

高德纳（Donald Ervin Knuth，1938—）§8.2，§12.3

约翰·卡尔·弗里德里希·高斯（Johann Karl Friedrich Gauß，1777—1855）§9.1，§13.4

克里斯蒂安·哥德巴赫（Christian Goldbach，1690—1764）§12.3

尤利西斯·辛普森·格兰特（Ulysses S Grant，1822—1885）§1.1

詹姆士·格列高里（James Gregory，1638—1675）§2.1

弗雷德里克·古迪（Frederic Goudy，1865—1947）§7.1

关孝和（Seki Takakazu，1642—1708）§4.2

H

戈弗雷·哈罗德·哈代(Godfrey Harold Hardy，1877—1947) §5.2，§7.2，§9.1

罗杰·哈格里夫斯(Roger Hargreaves，1935—1988) §9

亚当·哈格里夫斯(Adam Hargreaves，1963—) §9

托马斯·哈里奥特(Thomas Harriot，1560—1621) §9.1

米莱娜·哈内德(Milena Harned) §1.3

维多利亚·哈特(Victoria Hart) §8.1

皮亚特·海恩(Piet Hein，1905—1996) §9.2

威廉·赫歇尔爵士(Frederick William Herschel，1738—1822) §1.1

约翰·赫歇尔爵士(Sir John Frederick William Herschel，1792—1871) §1.1

安德鲁·怀尔斯(Andrew John Wiles，1953—) §9.1

欧内斯特·霍布森(Ernest William Hobson，1856—1933) §2.1

J

詹姆斯·艾布拉姆·加菲尔德(James Abram Garfield，1831—1881) §1.1

马丁·加德纳(Martin Gardner，1914—2010) §2.1，§7.2，§11.5

伽利略·伽利莱(Galileo Galilei，1564—1642) §7.2

K

彼得·卡恩(Peter J. Kahn) §2.1

皮埃尔·德·卡卡维(Pierre de Carcavi，约1603—1684) §12.1

卡拉吉(al-Karaji，953—1029) §12.1

路易斯·卡罗(Lewis Carroll，道奇森的笔名，1832—1898) §13.4

博纳文图拉·卡瓦列里(Francesco Bonaventura Cavalieri，1598—1647) §9.1

阿瑟·凯莱(Arthur Cayley，1821—1895) §12.3

约翰内斯・开普勒(Johannes Kepler，1571—1630) §10.5

约翰・康威(John Horton Conway，1937—2020) §1.3，§11.4，§11.6，
　　§13.5，§13.6

哈罗德・考克斯特(Harold Scott MacDonald Coxeter，1907—2003) §7.2

勒・柯布西埃(Le Corbusier，1887—1965) §6

海里格・冯・科赫(Helge von Koch，1870—1924) §9.1

玛丽安・克里斯蒂(Marian Christie) §8.3

露丝・克劳斯(Ruth Krauss，1901—1993) §7.1

索菲娅・瓦西里耶夫娜・柯瓦列夫斯卡娅(Sofya Kovalevskaya，1850—
　　1891) §8.3

谭雅・科瓦诺娃(Tanya Khovanova) §1.3，§13.5，§13.6

奥古斯丁-路易・柯西(Augustin-Louis Cauchy，1789—1857) §12.3

理查德・库朗(Richard Courant，1888—1972) §7.2

玛丽安・库肯斯(Marian Cucoanes) §3.2

L

查理・拉丁(Charles Radin，1945—) §1.3

斯里尼瓦瑟・拉马努金(Srinivasa Ramanujan，1887—1920) §2，
　　§2.1，§9.1

加布里埃尔・拉梅(Gabriel Lamé，1795—1870) §9.2

丹・劳森(Dan Lawson) §7.2

大卫・约翰逊・雷斯克(David Johnson Leisk，1906—1975) §7.1

费迪南德・冯・林德曼(Ferdinand von Lindemann，1852—1939) §2.1，
　　§7.2，§11.2

梁思成(1901—1972) §10.3

弗雷德里克・麦克迪・隆德(Frederik Macody Lund) §10.3

叶卡捷琳娜・卢卡申科(Ekaterina Lukasheva) §11.6

拉多斯拉夫・罗哈利(Radoslav Rochallyi) §8.3

莱昂哈德·欧拉（Leonhard Euler，1707—1783）§ 8. 2，§ 9. 1，§ 12. 2，
　　§ 12. 3

P

帕波斯（Pappus of Alexandria，约 300—350）§ 11. 4

马特·帕克（Matt Parker）§ 10. 1

布莱兹·帕斯卡（Blaise Pascal，1623—1662）§ 12. 1

卢卡·帕西奥利（Luca Pacioli，1445—1517）§ 10. 3

文森特·潘塔罗尼（Vincent Pantaloni）§ 4

小爱德华·佩格（Ed Pegg Jr，1963—）§ 3. 4

约翰·佩尔（John Pell，1611—1685）§ 8. 1

乔治·皮科克（George Peacock，1791—1858）§ 12. 1

波利亚·哲尔吉（George Pólya，1887—1985）§ 12. 2

婆罗摩笈多（Brahmagupta，598—668）§ 1. 3

拉维·普拉卡什（Ravi Prakash）§ 3. 2

Q

史蒂夫·乔布斯（Steven Paul Jobs，1955—2011）§ 2. 2

R

汉克·瑞灵（Henk Reuling）§ 4. 2

阮洪越（Hung Viet Nguyen）§ 3. 2

S

奇普·斯奈德（Chip Snyder）§ 11. 3

米哈尔恰·安德烈·斯特凡（Mihalcea Andrei Stefan）§ 3. 2

劳埃德·沙普利（Lloyd Stowell Shapley，1923—2016）§ 12. 3

理查德·伊万·施瓦茨（Richard Evan Schwartz，1966—）§ 9. 1

亚历山大·索弗（Alexander Soifer，1948—）§ 1. 3

爱德华·索撒尔（Edward Southall）§ 4，§ 9

T

尼科洛·塔塔利亚(Niccolò Tartaglia，1499 或 1500—1557) §8.3

阿尔弗雷德·塔斯基(Alfred Tarski，1901—1983) §2.1

普雷什·塔瓦克拉尔(Presh Talwaklar) §1.2

让·卢克·蒂夫(Jean—Luc Thiffeault) §10.7

W

阿布·瓦法(Abu al—Wafa' Buzjani，940—998) §1.3

皮埃尔·旺泽尔(Pierre Laurent Wantzel，1814—1848) §2.1，§2.2，§11.2

弗朗索瓦·韦达(François Viète，1540—1603) §7.2，§9.1，§11.3

约翰·维恩(John Venn，1834—1923) §8.2

卡尔·魏尔斯特拉斯(Karl Weierstrass，1815—1897) §2.1

伊万·维诺格拉多夫(Ivan Vinogradov，1891—1983) §5.2

斯蒂芬·沃尔夫勒姆(Stephen Wolfram，1959—) §13.3

彼得·沃尔夫(Peter Wolfe) §8.5

约翰·沃利斯(John Wallis，1616—1703) §12.1

X

西奥多罗斯(Theodorus of Cyrene，约前465—前398) §7.2

希比阿斯(Hippias of Elis，生于公元前460年左右) §2.1

希波克拉底(Hippocrates of Chios，约公元前470—约前410) §2.1，§11.4

卡特里奥娜·希尔(Catriona Shearer) §4.3

大卫·希尔伯特(David Hilbert，1862—1943) §9.1，§11.2

斯坦尼斯拉夫·西科拉(Stanislav Sykora) §3.3

罗德里戈·德·阿尔梅达·西凯拉(Rodrigo de Almeida Siqueira) §8.3

希帕提娅(Hypatia，约350—370) §9.1

马库斯·图利乌斯·西塞罗(Marcus Tullius Cicero，前106—前